木文化简谱

王传成　王志达　编著

图书在版编目（ＣＩＰ）数据

木文化简谱 / 王传成，王志达编著. -- 北京 ：中
国林业出版社，2018.8
ISBN 978-7-5038-9678-1

Ⅰ．①木… Ⅱ．①王… ②王… Ⅲ．①木材－文化－
中国 Ⅳ．①S781

中国版本图书馆CIP数据核字(2018)第165983号

中国林业出版社 · 建筑分社
责任编辑：纪　亮　樊　菲

出　　版：中国林业出版社（100009 北京西城区德内大街刘海胡同7号）
网　　站：http://lycb.forestry.gov.cn
印　　刷：北京中科印刷有限公司
发　　行：中国林业出版社
电　　话：（010）8314 3610
版　　次：2018年9月第1版
印　　次：2018年9月第1次
开　　本：1/12
印　　张：15
字　　数：150千字
定　　价：68.00元

序　一

何为木文化？有如文化的概念一样，答案众说纷纭。从国际木文化学会的认知角度，木文化是人类利用木材的所有活动，以及对木材、木制品及相关生态环境的观点和态度。简单的说是我们生活中木材的利用方式和共享的价值观及相关自然环境。

由山东省手工艺制作大师、山东省级非物质文化遗产阳谷木雕传承人、阳谷县状元红文化家具有限公司总设计师王传成先生和王志达先生所编著的《木文化简谱》，是目前不多见的以图文的方式涉及史前的木器时代、先哲圣贤伟人与木器、木雕、木偶、木家具、木版画、木艺百科等多方面内容的图书。为加深读者对木文化的认识，本书图文并茂，文字以小楷手写的方式呈现，在欣赏书法、图文的同时，使抽象的文字变得具体、直观，使阅读变得更生动、有趣。

王传成先生作为阳谷木雕第八代传人，长期从事木家具、木雕刻、木板刻画、木模型和木制工艺品的设计和生产。他把自己的深情寄于木艺，先后创作木雕木刻作品千余种，受到国家和业内人士的认可。他在创作每件作品时深入学习研究其文化内涵，寻根求源，才得以积累了大量的历史文化素材，并逐渐形成了自己独特的创作风格。

不忘初心，牢记使命。王传成先生正是怀着一颗初心，孜孜不倦地创新、探索和耕耘。他的儿子王志达自幼跟随父亲研究学习传统文化和木雕制作艺术，如今担任状元红文化家具有限公司总经理，可谓后继有人。作为山东省非物质文化遗产重点保护单位，秉承"崇文尚义、薄利厚德"和"勤学苦练的状元精神"的企业理念，他仍牢记自己的社会责任，著得此书以启发更多的青年一代了解学习以木为载体的文化，并以精益求精的工匠精神投身于博大精深的传统木作手艺。

感谢王传成和王志达先生为木文化事业的传承、发展和弘扬所做出的努力。相信读者必将从本书中获得裨益。

侯文彬

国际木文化学会执行长

中国林产工业协会中式家具专业委员会名誉会长

序 二

中华文化博大精深，流淌在我们的血液里，体现在我们的生活中。木文化作为中华文化的重要组成部分，也深深地影响着我们的工作和生活。王传成先生作为中国木文化的传承人，以其独特的视角对木文化进行深入研究，并著成《木文化简谱》一书。该书内容极为广泛，与木有关的建筑、家具、装潢、雕刻、乐器以及与木相关的历史、文学、科教、技术、制度、经济等，本书都有涉猎。该书图文并茂，通俗易懂，为人们认识和了解木文化打开了一扇大门，是宣传推广木文化的佳作，开创了木文化研究的先河。

家传、博学、坚韧、创新、修德往往是一个文化传承人必备的条件，从这些方面看，王传成先生的成功绝非偶然。

首先，他出身于具有圣人文脉的木雕世家，阳谷王氏家谱载：十五世祖精书画、善篆刻，娶曲阜衍圣公府孔昭辉长女为妻……十八世祖，太学生，精雕刻……几百年的家传，为他注入了文化的血液。他自幼遵循"据德、游艺、弘文"的家训，刻苦学习民族文化，认真钻研雕刻艺术，全面继承了中国传统的木作工艺和精神，这为他的成功奠定了坚实的基础。他创作的大同孔子、和平孙子、多山多水多圣人、座右铭家具等，反映了王先生的家传功底。

其次，他自幼好学，博闻强记，所学知识纵穿古今、横亘中外，渊博的学识让他能打破传统匠人的局限，以大家的气魄和理念，融文化于木作之中，打造出一系列为人称道的"儒艺木雕"：诸子百家、忠臣良将、历代清官、四大名医、历史故事、福禄寿禧、渔樵耕读、二十四孝、琴棋书画、梅兰竹菊、四季花卉、山水博古等题材的作品在显示他精湛技艺的同时，处处蕴含着他深厚的文化底蕴。

再次，他坚韧不拔，不论遇到任何挫折，他都挚爱着中国的木文化，即使在动荡年代，他对木文化的学习研究也从没终止，以毛主席、鲁迅、样板戏等为题材的木艺作品成为那个时代他研究传承中华木文化的代表作。改革开放后，他全身心投入到木文化的研究中，他遍阅典籍、考证史料、广征博引，制作了一大批获奖的精品，在业内独树一帜。

创新是民族和国家发展不竭的动力，是一个民族进步的灵魂。王传成先生对文化创新有自己的独到见解，他坚持"传承、发展、创新"的理念，在工艺品、家具、木版画三个领域不断探索，打造了一批具有鲜明文化特色、行业特色、地方特色和艺术特色的系列产品，巧夺天工，彰显出他精湛的技艺，传播着灿烂的中华文化。用他自己的话说，"不抄袭别人，不重复自己，靠思想创意，让人物传神，使山水生秀"。这才是真大师！

王传成先生始终把社会效益放在首位，不雕"怪力乱神"，多镌圣贤英模，寓教于艺，弘扬正能量。他个人节俭，却热心公益事业，把1400多平米的展厅和1100多平米的院落，无偿提供给当地政府作为美术馆、文化活动中心。王传成先生为人忠厚，重艺修德。他坚守货真价实，苛求一丝不苟。带徒做到传道、授业、解惑。他注重人才的培养，其弟子遍布大江南北。其子王志达继承了家传技艺和精神，并把现代元素融入红木文化，阳谷木雕即将迎来一个新时代。

传承古韵美红木，成就今朝真状元。中华文化源远流长，历经千年而长盛不衰，靠的就是王传成先生这样的大家才得以薪火相传，他们是民族之魂，他们是民族之光！

夏家骏

夏家骏

中国政法大学资深教授

全国政协常委

公安部特邀监督员

序　三

　　在我国人民意气风发地建设新时代中国特色的社会主义时，我们坚持道路自信、制度自信、理论自信，重要的是加强文化自信。我们中华民族有着悠久辉煌的历史，光辉灿烂的文化，表现在许多方面，木文化就是其中重要的一支。

　　大自然孕育了各种动物、植物，与人们共生。植物中成形的、坚实的是各种木类。我国两千多年前的《尔雅·释木》中就曾记下224种木本植物，每一项都有详细的注释及校勘、考证。该书《释器》中还记载了上百种木制器具，《释乐》中记载了几十种木制乐器。有史以来，木类与人类密切相伴，在人类幼年即原始社会时，人类就开始使用及制造木制工具，木早已成为人类生活及谋生的一种手段。古人日后发明的许多木制器物，方便与改善了人们的生活。随着社会生产力的发展，人们物质水平的提高，产生了木雕艺术。考古工作者陆续发现过历代的一些木雕艺术品，已使人们惊叹不已，近世以来全国各地木雕工艺不断弘扬与发展，更超过以往。山东阳谷木雕就是全国木雕大花园中的一朵奇葩。

　　木雕大师王传成的精湛工艺系为家传，上溯其前代先祖可至八代，其家谱中有木雕记载的从清初时算起，其祖辈们分别为细木匠、木雕师、篆刻家。他家并非一般工匠，多有文化功底，乃至前清时的太学生，亦醉心于木艺制作和雕刻。传成先生继承祖业，他在十几岁上学期间，便雕刻马列、毛主席、鲁迅等伟人像和红色版画，成年后雕刻工艺品、木版画、文化家具。他的雕刻立意新颖，风格独特，线条豪放，刀痕清晰，造型大气。五十年来他一直致力于木雕事业，创造出许多惊世脱俗的木雕作品，先后受到地方、国家乃至国际上的认可。由于他精湛的工艺、广泛的影响，被聊城市聘为政协委员，荣膺山东省手工艺制作大师的称号。他在中国民间文艺家协会、中国工艺美术协会以及山东省雕塑家协会中均享有盛名，还被聘请为北京华夏诗联书画院以及新加坡新神州艺术院院士、高级书画师，山东省英才学院客座教授。他设计的座右铭家具特色明显、古意盎然，深受中外人士欢迎，许多地方珍藏他的作品。他所创作的阳谷狮子楼、聊城光岳楼、莘县燕塔等模型，阳谷狮子楼旅游城内全部宋式家具、聊城昌润大酒店乾隆晏屏风宝座以及景阳冈酒厂武松打虎雕塑、匡世孔子大屏风，山东多山多水多圣人木刻版画及木雕屏风等，均创意新颖、独具特色，足可传世。他创作的许多作品在博览会上获省级、国家级乃至国际上的一等奖、金奖、银奖、铜奖、优秀奖等。另有五项作品获国家专利。

在当前全国重视国学、加强文化自信，用各种形式弘扬传统文化的热潮中，传成先生以自己创新的理念和行动予以密切配合。如他精雕的"大同孔子"，巍然屹立的孔子像下雕出《礼记·礼运》之《大同篇》，体现孔子希望实现"天下大同"的愿望。威武的兵圣孙子的雕像下刻"武为止戈"四字，寓以战止战，争取和平。在其精雕的多套座右铭家具中，各有寓意。如政法界家具雕"一身正气，两袖清风"的包公像；医药界雕"从容施药，厚朴行医"的华佗像；文教界雕"教桃李报国，育英才兴邦"的孔子像。在中国第一艘宇宙飞船上天之际，传成先生创作了"飞天孔子"，采用夸张的手法，雕出孔子站在神舟飞船上，右手持《论语》，左手放飞口衔橄榄枝的和平鸽，飞向宇宙，其旁配以"仁爱、和平、发展"的口号，以木雕艺术的形式体现中国人民爱好和平的善良愿望。王传成发自内心的表示："希望人们把我的作品带走，更希望通过我的作品，把优秀文化传播出去。"这正是王先生创作的初心。

以木雕世家著称的阳谷王氏木雕，至今已传了八代。作为省级非物质文化遗产传人的传成先生，多年来带出一批工艺精、道德高、敬业精神强的徒弟。如近期在浙江省东阳市举行的全国木雕技能总决赛中，其弟子杜宝兴、石大昌，双双获全国"工匠之星"称号。其子王志达从小就热爱木雕工艺，长大后送往清华大学美术学院进修后，子承父业。传成先生扶持其子创办了"状元红文化家具有限公司"，集文化、艺术活动于一体，在我国木雕艺苑中将要开出更美丽的花，结出更坚实的果。

这本书是传成先生几十年来对木文化理解与研究的成果。虽系经验之谈，但却是行里人对木文化多年来广泛认识、细心观察与精心体会之作。"三百六十行，行行出状元"，今天虽然不考状元，不评状元，但各行各业中有精研之人，有超人手艺者；有精益求精做出高能、高效、精良产品者，正是各行的状元。以传成先生为代表的阳谷木雕文化家具以"状元红"命名，正体现他们的雄心壮志。祝愿传成先生及其弟子们对我国的木雕艺术更好地传承、创新与发展。

骆承烈
国际儒学联合会顾问委员会委员
曲阜师范大学资深教授

目　录

序　一

序　二

序　三

第一章　史前的木器时代 / 〇一

第二章　历史伟人以木制器利天下 / 〇三

第一节　有巢氏构木为巢 / 〇四

第二节　燧人氏钻木取火 / 〇五

第三节　神农氏发明农具 / 〇六

第四节　黄帝、尧、舜等先圣以木制器利天下 / 〇七

第五节　大禹用木之道 / 〇八

第三章　先哲以木示道 / 〇九

第一节　老子以木喻虚实 / 一〇

第二节　佛祖菩提悟道 / 一一

第三节　孔子论木 / 一二

第四节　墨子斫木负重 / 一三

第五节　商鞅立木取信 / 一四

第六节　孟子以木喻理 / 一五

第七节　庄子以木论道 / 一六

第八节　荀子以木劝学 / 一七

第九节　韩非子以木论法 / 一八

第十节　王羲之入木三分 / 一九

第四章　圣贤尚象制器木艺发明 / 二〇

第一节　黄帝发明指南车 / 二一

第二节　偃师作木假倡 / 二二

第三节　鲁班发明惠黎庶 / 二三

第四节　蔡伦树皮造纸 / 二四

第五节　诸葛亮造木牛流马 / 二五

第六节　孙思邈发现火药 / 二六

第七节　雕版、活字印刷术 / 二七

第八节　木匠万户飞天 / 二八

第九节　黄道婆完善纺织机 / 二九

第五章　名人与木艺 / 三〇

第一节　挪亚与方舟 / 三一

第二节　木雕口诀记录者韩非 / 三二

第三节　木作理论集成者李诫 / 三三

第四节　鲁班天子元顺帝 / 三四

第五节　木匠皇帝明熹宗 / 三五

第六节　庆亲王不爱江山爱木艺 / 三六

第七节　木匠画家齐白石 / 三七

第六章　木建筑 / 三八

　　第一节　北京故宫 / 三九

　　第二节　孔府 / 四〇

　　第三节　卢宅 / 四一

　　第四节　岳阳楼 / 四二

　　第五节　应县木塔 / 四三

　　第六节　滕王阁 / 四四

　　第七节　沉香亭 / 四五

　　第八节　垂花门 / 四六

　　第九节　游廊 / 四七

　　第十节　木拱廊桥 / 四八

　　第十一节　高脚屋 / 四九

　　第十二节　当代木屋 / 五〇

第七章　木雕 / 五一

　　第一节　东阳木雕 / 五二

　　第二节　黄杨木雕 / 五三

　　第三节　潮州木雕 / 五四

　　第四节　龙眼木雕 / 五五

　　第五节　徽州木雕 / 五六

　　第六节　剑川木雕 / 五七

　　第七节　山东木雕 / 五八

　　第八节　曲阜楷木雕 / 五九

　　第九节　肥城桃木雕 / 六〇

　　第十章　阳谷人文木雕 / 六一

第八章　木偶 / 六二

　　第一节　水木偶 / 六三

　　第二节　杖头木偶 / 六四

　　第三节　掌中木偶 / 六五

　　第四节　悬丝木偶 / 六六

　　第五节　木偶退敌 / 六七

　　第六节　大木偶 / 六八

第九章　木家具 / 六九

　　第一节　商周早期家具 / 七〇

　　第二节　战国漆木家具 / 七一

　　第三节　汉代屏风榻 / 七二

　　第四节　唐代木雕经桌 / 七三

　　第五节　五代座椅 / 七四

　　第六节　宋代木雕镜台 / 七五

　　第七节　复制宋代家具 / 七六

　　第八节　明代文房家具 / 七七

　　第九节　清代宫廷家具 / 七八

　　第十节　近代厅堂家具 / 七九

　　第十一节　行业家具 / 八〇

　　第十二节　座右铭家具 / 八一

第十章　木器具 / 八二

第一节　木轿 / 八三
第二节　水车 / 八四
第三节　木楼 / 八五
第四节　纺车 / 八六
第五节　风箱 / 八七
第六节　木桶 / 八八
第七节　食盒 / 八九
第八节　棺椁 / 九〇
第九节　文具 / 九一
第十节　木罗盘 / 九二
第十一节　木兵器 / 九三
第十二节　木杆秤 / 九四
第十三节　木模型 / 九五
第十四节　木棋类 / 九六
第十五节　木旋 / 九七
第十六节　敔器 / 九八
第十七节　面食模 / 九九
第十八节　木餐具 / 一〇〇
第十九节　木工具 / 一〇一
第二十节　鲁班锁 / 一〇二
第二十一节　绕线板 / 一〇三
第二十二节　木制首饰盒 / 一〇四

第十一章　木版画 / 一〇五

第一节　鲁迅倡导木刻版画 / 一〇六
第二节　抗日版画 / 一〇七
第三节　木版水印 / 一〇八
第四节　文革版画 / 一〇九
第五节　套色版画 / 一一〇
第六节　木刻线画 / 一一一
第七节　木版漆画 / 一一二

第十二章　木版年画 / 一一三

第一节　河南朱仙镇木版年画 / 一一四
第二节　天津杨柳青木版年画 / 一一五
第三节　山东杨家埠木版年画 / 一一六
第四节　苏州桃花坞木版年画 / 一一七
第五节　河北武强木版年画 / 一一八
第六节　四川绵竹木版年画 / 一一九
第七节　陕西凤翔木版年画 / 一二〇
第八节　福建漳州木版年画 / 一二一
第九节　广东佛山木版年画 / 一二二
第十节　重庆梁平木版年画 / 一二三
第十一节　山东张秋木版年画 / 一二四
第十二节　山东东昌木版年画 / 一二五

第十三章　木艺百科 / 一二六

第一节　木神句芒 / 一二七

第二节　木工的历史地位 / 一二八

第三节　木与古籍 / 一二九

第四节　木与宗教 / 一三〇

第五节　木与哲学 / 一三一

第六节　木与服饰 / 一三二

第七节　木与果食 / 一三三

第八节　木与交通 / 一三四

第九节　木与文学 / 一三五

第十节　木与数学 / 一三六

第十一节　木与美学 / 一三七

第十二节　木与医学 / 一三八

第十三节　木与乐器 / 一三九

第十四节　木与教育 / 一四〇

第十五节　木与理想 / 一四一

第十六节　木板烙画 / 一四二

第十七节　核雕 / 一四三

第十八节　根雕 / 一四四

第十九节　树皮画 / 一四五

第二十节　榫卯结构 / 一四六

第二十一节　印章 / 一四七

第二十二节　家徽 / 一四八

第二十三节　空前繁荣的木文化 / 一四九

第十四章　画家笔下的木文化 / 一五〇

第一节　盘古开天 / 一五一

第二节　以木狩猎 / 一五二

第三节　构木为巢 / 一五三

第四节　钻木取火 / 一五四

第五节　斫木为耜 / 一五五

第六节　剡木为舟 / 一五六

第七节　菩提悟道 / 一五七

第八节　孔子谈木雕 / 一五八

第九节　神树 / 一五九

第十节　思母树 / 一六〇

后　记

第一章　史前的木器时代

史前的木器时代

木器狩猎图

第一章·史前的木器时代

恩格斯《自然辩证法》："在人类用第一块石头制成刀子以前，可能已经经历过很长很长一段时间"。恩格斯指的这段时间，应是人类史前的木器时代，因为制作木器比打制石器更容易。树枝可当拐棍，小树干可做抬物工具，也可为狩猎武器，磨尖的树杈可做木矛……考古工作者把原始社会称为"石器时代"，但人类"木器时代"的存在却是一个必然的事实。

　　恩格斯在《自然辩证法》中写道："在人类用第一块石头制成刀子以前，可能已经经历过很长很长一段时间。"恩格斯指的这段时间，应是人类史前的木器时代，因为制作木器比打制石器更容易，树枝可当拐棍，小树干可做抬物工具，也可为狩猎武器，磨尖树杈可做木矛。考古工作者把原始社会称为"石器时代"，但人类"木器时代"的存在却是一个必然的事实。

第二章　历史伟人以木制器利天下

| 第一节 |

有巢氏构木为巢

构木为巢

第二章·历史伟人以木器利天下

一、有巢氏构木为巢：自从盘古开天地，三皇五帝到如今。人们传说的历史从"三皇"说起，"三皇"中第一位便是有巢氏。《韩非子·五蠹》"上古之世，人民少而禽兽众，人民不胜禽兽虫蛇，有圣人作，构木为巢，以避群害，而民悦之，使王天下，号曰有巢氏。"有巢氏最早利用木材造福人民，从此我们的祖先和动物区别开来，开始了人类的文明史。

　　自从盘古开天地，三皇五帝到如今。人们传说的历史从"三皇"说起，"三皇"第一位便是有巢氏。《韩非子·五蠹》记载："上古之世，人民少而禽兽众，人民不胜禽兽虫蛇，有圣人作，构木为巢，以避群害，而民悦之，使王天下，号曰有巢氏。"有巢氏最早利用木材造福人民，从此我们的祖先和动物区别开来，开始了人类的文明史。

| 第二节 |

燧人氏钻木取火

钻木取火

二、燧人氏钻木取火：《拾遗记》遂明国有大树名遂，屈盘万顷，后有圣人，游至其国，有鸟啄树，粲然火出，圣人感焉，因用小枝钻火，号燧人氏。从此先民告别了『茹毛饮血』的野蛮时代，生活逐渐走向文明。燧人氏又立木昆仑，上观日月星辰，下察五木，为山川百物命名，用柔软树皮结绳记事，立台宣教，禁近亲婚配……燧人氏受到人们推崇，被奉为燧皇。

《拾遗记》记载："遂明国有大树名遂，屈盘万顷，后有圣人，游至其国，有鸟啄树，粲然火出，圣人感焉，因用小枝钻火，号燧人氏。"燧人氏利用木材钻木取火，从此先民告别了"茹毛饮血"的野蛮时代，生活逐渐走向文明。燧人氏又立木昆仑，上观日月星辰，下察五木，为山川百物命名，用柔软树皮结绳记事，立台宣教，禁近亲婚配……燧人氏受到人们推崇，被奉为燧皇。

| 第三节 |

神农氏发明农具

耒耜耕作·《天工开物》

三、神农氏发明农具 《易·系辞下》：

「神农氏作，斫木为耜，揉木为耒，耒耨之利，以教天下」。斫本意为大锄，引申为砍。耒耜为古代耕地翻土的农具，耜是耒的铲，耒是耜的柄，制作耒耜，教民耕作。耒耜的发明促进了农耕发展。神农氏又叫烈山氏，他们焚烧杂木，以其灰作肥料，增加产量。完成了人们从原始畜牧业向农业的转变，大大的改善了人民的生活，被推举为部落大首领。

　　《周易·系辞下》记载："神农氏作，斫木为耜，揉木为耒，耒耨之利，以教天下。"斫本意为大锄，引申为砍。耒耜为古代耕地翻土的农具，耜是耒的铲，耒是耜的柄，制作耒耜，教民耕作，耒耜的发明促进了农耕发展。神农氏又叫烈山氏，他们焚烧杂木，以其灰作肥料，增加农作物产量，完成了人们从原始畜牧业向农业的转变，大大地改善了人民的生活，被推举为部落大首领。

第四节

黄帝、尧、舜等先圣以木制器利天下

四、黄帝、尧、舜等先圣以木制器利天下：

《易·系辞下》『（黄帝、尧、舜）刳木为舟，剡木为楫，舟楫之利，以济不通；服牛乘马，引重致远；重门击柝，以待暴客；断木为杵，掘地为臼，臼杵之利，万民以济；弦木为弧，剡木为矢，弧矢之利，以威天下；上古穴居而野处，后世圣人易之以宫室，上栋下宇，以待风雨。』利天下。随着社会的发展，先圣们广泛利用木材造福万民。

舟楫之利·《天工开物》

《周易·系辞下》记载："（黄帝、尧、舜）刳木为舟，剡木为楫，舟楫之利，以济不通……服牛乘马，引重致远……重门击柝，以待暴客……断木为杵，掘地为臼，臼杵之利，万民以济……弦木为弧，剡木为矢，弧矢之利，以威天下……上古穴居而野处，后世圣人易之以宫室，上栋下宇，以待风雨……"随着社会发展，先圣们广泛利用木材造福万民。

大禹用木之道

大禹斫木为界分九洲·《古版画》

五、大禹用木之道：《尚书·禹贡》记载了大禹把天下分为九州，"随山刊木"，砍伐树木为陆路立标，用木桩为九州定界，为山川划域。治水成功后，鼓励百姓广植松、柏、椿、柘、桧、柞等树木。从此由利用树木推进为种植树木。"桑土既蚕"，又倡导人们因地制宜，栽桑养蚕。大禹日理万机，为节省时间，用两根树枝从热鼎中捞食，发明了筷子，亦是大禹的历史贡献。

　　《尚书·禹贡》记载了大禹把天下分为九州，"随山刊木"，砍伐树木为陆路立标，用木桩为九州定界，为山川划域。治水成功后，鼓励百姓广植松、柏、椿、柘、桧、柞等树木。从此由利用树木推进为种植树木。"桑土既蚕"，又倡导人们因地制宜，栽桑养蚕。大禹日理万机，为节省时间，用两根树枝从热鼎中捞食，发明了筷子。发展利用林木，亦是大禹的历史贡献。

第三章　先哲以木示道

| 第一节 |

老子以木喻虚实

以木喻虚实

第三章·先哲以木示道

一、老子以木喻虚实：《老子》第十一章：『三十辐共一毂，当其无，有车之用，凿户牖以为室，当其无，有室之用。故『有』之以为利『无』之以为用。』意思是说有了车毂中空的地方，才有车的作用。开凿门窗建造房屋，有了门窗四壁内的空虚部分，才有房屋的作用。所以，『有』给人便利，『无』发挥了它的作用。

《老子》第十一章："三十辐共一毂，当其无，有车之用……凿户牖以为室，当其无，有室之用。故'有'之以为利，'无'之以为用。"意思是说有了车毂中空的地方，才有车的作用。开凿门窗建造房屋，有了门窗四壁内的空虚部分，才有房屋的作用。所以，"有"给人便利，"无"发挥了它的作用。

第二节

佛祖菩提悟道

佛主菩提悟道

二、佛祖菩提悟道：佛祖原是迦毗罗卫王国的年青王子乔答摩·悉达多，他为了使众生摆脱生老病死轮回之苦，毅然放弃继承王位和舒适的王族生活，出家修行，去寻求人生的真谛，修炼多年。有一次他在菩提树下静坐了七天七夜，战胜了各种邪恶诱惑，在天将拂晓，启明星升起的时候，终于大彻大悟，修炼成了"觉人救世"的佛陀。于是，菩提树便成为悟道的神树。

佛祖原是迦毗罗卫王国的年青王子乔答摩·悉达多，他为了使众生摆脱生老病死轮回之苦，毅然放弃继承王位和舒适的王族生活，出家修行，去寻求人生的真谛，修炼多年。有一次他在菩提树下静坐了七天七夜，战胜了各种邪恶诱惑，在天将拂晓，启明星升起的时候，终于大彻大悟，修炼成了"觉人救世"的佛陀。菩提树便成了悟道的神树。

| 第三节 |

孔子论木

孔子赞雪松

三、孔子论木：《论语》：孔子"少贫且贱，多为鄙事"，工作实践使他深知"工欲善其事，必先利其器"，并发出了"朽木不可雕"的感叹。他说"岁寒然后知松柏之后凋也"赞扬松柏不畏严寒的精神。《乡党》："式负版者，必色变而作"。遇到背负图书的人，必须神色严肃的作揖致敬。子贡在孔子墓前种下楷树，楷木坚硬而细腻，后人用楷木雕如意、手杖等，并流传至今。

　　《论语》记孔子"少贫且贱，多为鄙事"，工作实践使他深知"工欲善其事，必先利其器"，并发出了"朽木不可雕"的感叹。他说"岁寒然后知松柏之后凋也"，赞扬松柏不畏严寒的精神。《乡党》："式负版者，必色变而作"。遇到背负图书的人，必须神色严肃地作揖致敬。子贡在孔子墓前种下楷树，楷木坚硬而细腻，后人用楷木雕如意、手杖等，并流传至今。

第四节

墨子斫木负重

三寸之木而任五十石之重

三寸之木
任五十石之重

四、墨子斫木负重：墨子是春秋末、战国初的著名社会活动家、自然科学家，尤其是对木作的研究成果颇丰。《辞过》"女工作文采，男工作刻镂"，"饰车以文采，饰舟以刻镂"。《韩非子·外储说左上》"墨子为飞鸢，三年而成"。《鲁问》记载墨子"须臾斫三寸之木，而任五十石之重"。片刻时间用三寸木头做成的木轮，便可承载五十石重物。

墨子是春秋末战国初的著名社会活动家、自然科学家，尤其是对木作的研究成果颇丰。《辞过》："女工作文采，男工作刻镂。""饰车以文采，饰舟以刻镂。"《韩非子·外储说左上》："墨子为飞鸢，三年而成。"《鲁问》记载墨子"须臾斫三寸之木，而任五十石之重"。意为片刻时间用三寸木头做成的木轮，便可承载五十石重物。

| 第五节 |

商鞅立木取信

商鞅立木取信

五、商鞅立木取信：《史记·商君列传》秦商鞅变法，为取信于民，立木南门，并告示：有谁把此木搬到北门，赏黄金十两，百姓感到奇怪，无人移。商君把赏金提高到五十两，重赏出勇夫。果有一人壮着胆子把木头搬到北门，商君当场兑现赏金五十两，赢得百姓的信服，因此新法很快得到推广，迅速壮大秦国，为秦统一六国奠定了基础。

　　《史记·商君列传》记秦商鞅变法，为取信于民，立木南门，并告示：有谁把此木搬到北门，赏黄金十两，百姓感到奇怪，无人移。商君把赏金提高到五十两，重赏出勇夫，果有一人壮着胆子把木头搬到北门，商君当场兑现赏金五十两，赢得百姓的信服，因此新法很快得到推广，迅速壮大秦国，为秦统一六国奠定了基础。

| 第六节 |

孟子以木喻理

六、孟子以木晓理：《孟子·梁惠王》「为巨室，则必使工师求大木」。《孟子·尽心上》：「大匠不为拙工改废绳墨」。《孟子·尽心下》：「梓匠轮舆能与人规矩」。《离娄下》「得志行乎中国，若合符节」。符节是用竹或木制成，中国古代朝廷传达命令、征调兵将以及用于各项国务活动的一种凭证，用时双方各执一半，合之以验真假，如兵符、虎符等，比喻完全相符。

巨室用大木·《鲁班经》

《孟子·梁惠王》："为巨室，则必使工师求大木。"《孟子·尽心上》："大匠不为拙工改废绳墨。"《孟子·尽心下》："梓匠轮舆能与人规矩。"《离娄下》："得志行乎中国，若合符节。"符节是用竹或木制成，中国古代朝廷传达命令、征调兵将以及用于各项国务活动的一种凭证，用时双方各执一半，合之以验真假，如兵符、虎符等，比喻完全相符。

| 第七节 |

庄子以木论道

限时伐木

七、庄子以木论道：庄子行于山中，见大树枝叶茂盛，伐木者止其旁而不取也，问其故，曰：「无所可用」，庄子曰：「此木以不才而得其天年」，庄子关注木雕与朴素的关系。《庄子·山木》「既雕既琢，复归于朴」，木可雕可琢，但应保留木材自然之美。《庄子·梁惠王》：「斧斤以时入山林，树木不可胜用」，按时令节气伐木，木材便用之不尽。

　　庄子行于山中，见大树枝叶茂盛，伐木者止其旁而不取也，问其故。曰："无所可用。"庄子曰："此木以不才而得其天年。"庄子关注木雕与朴素的关系。《庄子·山木》："既雕既琢，复归于朴。"木可雕可琢，但应保留木材自然之美。《庄子·梁惠王》："斧斤以时入山林，树木不可胜用。"按时令节气伐木，木材便用之不尽。

第八节

荀子以木劝学

八、荀子以木劝学：《荀子·劝学》"木直
中绳，輮以为轮，其曲中规，虽有槁暴，不复
挺者，輮使之然也。故木受绳则直，金就砺则
利。君子博学，而日参省乎己"用墨斗之线取
直弯曲之木，用熏烤弯曲木材做成轮，即使暴
晒也不会变形。刀通过磨砺就锋快，君子广学
律己，方为高明。"锲而舍之，朽木不折，锲而
不舍金石可镂"通过学习和磨砺使之成材。

以木劝学

《荀子·劝学》："木直中绳，輮以为轮，其曲中规，虽有槁暴，不复挺者，輮使之然也，故木受绳则直，金就砺则利，君子博学，而日参省乎已……"用墨斗之线取直弯曲之木，用熏烤弯曲木材做成轮，即使暴晒也不会变形。刀通过磨砺就锋快，君子广学律己，方为高明。"锲而舍之，朽木不折；锲而不舍，金石可镂。"通过学习和磨砺使之成材。

| 第九节 |

韩非子以木论法

绳之以法

九、韩非子以木论法：韩非子是战国时期法家的杰出代表人物。《韩非子·有度》："巧匠目意中绳，然必先以规矩为度，上智捷举中事，必以先王之法为比。故绳直而枉木断，准夷而高科削，权衡县而重益轻，斗石设而多益少。故以法治国，举措而已矣。"木工要用绳墨、规矩、刀斧把木取直，用来比喻纠正错误，规范人臣的行为，达到天下大治。

　　韩非子是战国时期法家的杰出代表人物。《韩非子·有度》："巧匠目意中绳，然必先以规矩为度；上智捷举中事，必以先王之法为比。故绳直而枉木断，准夷而高科削，权衡县而重益轻，斗石设而多益少。故以法治国，举措而已矣。"木工要用绳墨、规矩、刀斧把木取直，用来比喻纠正错误，规范人臣的行为，达到天下大治。

| 第十节 |

王羲之入木三分

入木三分

十、王羲之入木三分：唐人张怀瓘《书断·王羲之》："王羲之书祝版，工人削之，笔入木三分"。朝廷祭祀天地神明书写祭文的木板叫祝版。王羲之出身士族，才华出众，书法盖世，朝中重要文献，皇帝均请王羲之书写。晋成帝即位时请王羲之书写祭文，工人雕刻时发现已深入木头达三分。后人形容书法极有笔力，现多比喻对问题认识极为深刻。

唐人张怀瓘《书断·王羲之》："王羲之书祝版，工人削之，笔入木三分。"朝廷祭祀天地神明书写祭文的木板叫祝版。王羲之出身士族，才华出众，书法盖世，朝中重要文献，皇帝均请王羲之书写。晋成帝即位时请王羲之书写祭文，工人雕刻时发现已深入木头达三分。后人形容书法极有笔力，现多比喻对问题认识极为深刻。

第四章

圣贤尚象制器木艺发明

假倡 →

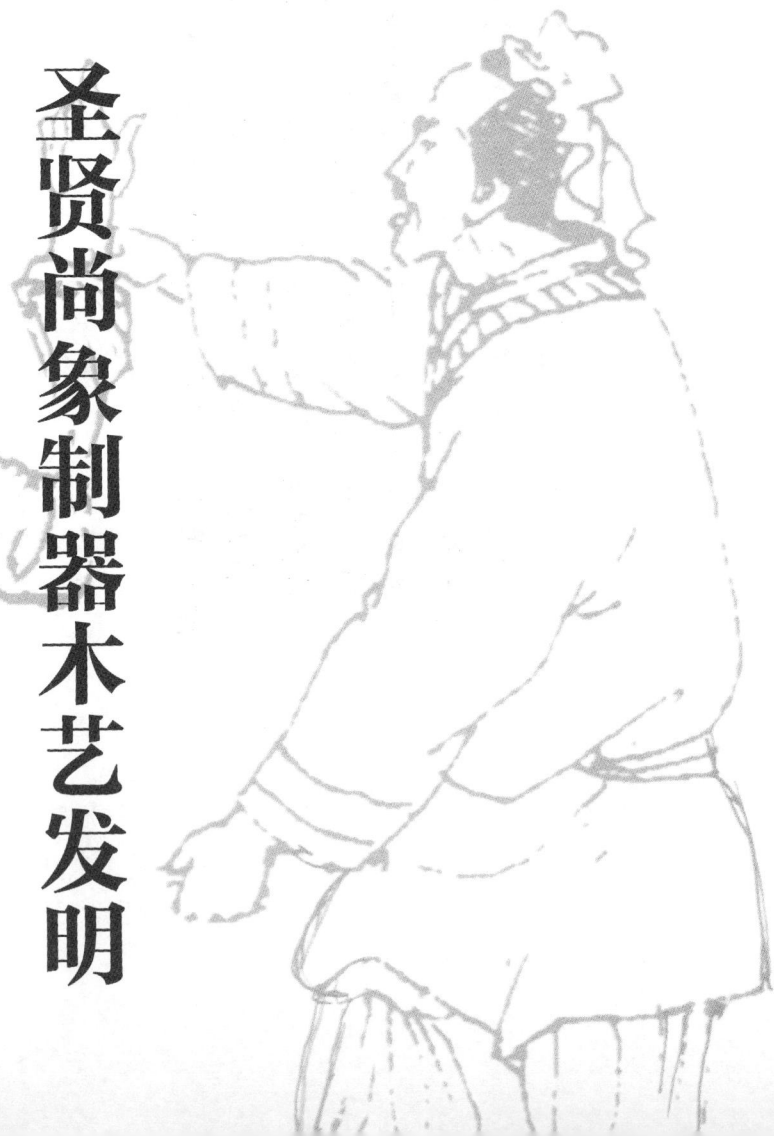

第一节

黄帝发明指南车

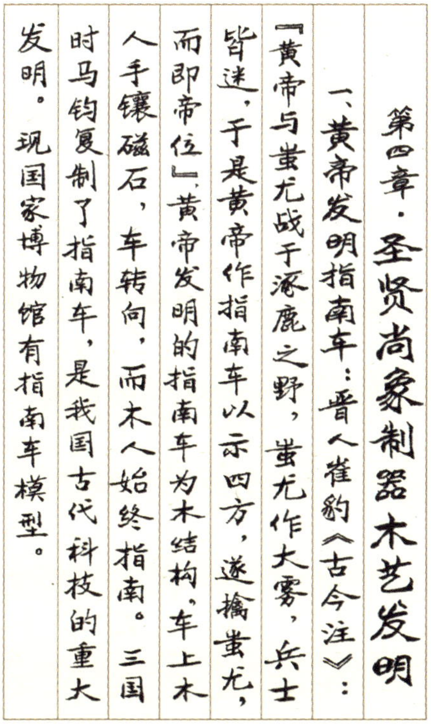

第四章·圣贤尚象制器木艺发明

一、黄帝发明指南车·晋人崔豹《古今注》：

「黄帝与蚩尤战于涿鹿之野，蚩尤作大雾，兵士皆迷，于是黄帝作指南车以示四方，遂擒蚩尤，而即帝位」黄帝发明的指南车为木结构，车上木人手镶磁石，车转向，而木人始终指南。三国时马钧复制了指南车，是我国古代科技的重大发明。现国家博物馆有指南车模型。

指南车的工作原理·奇器图说

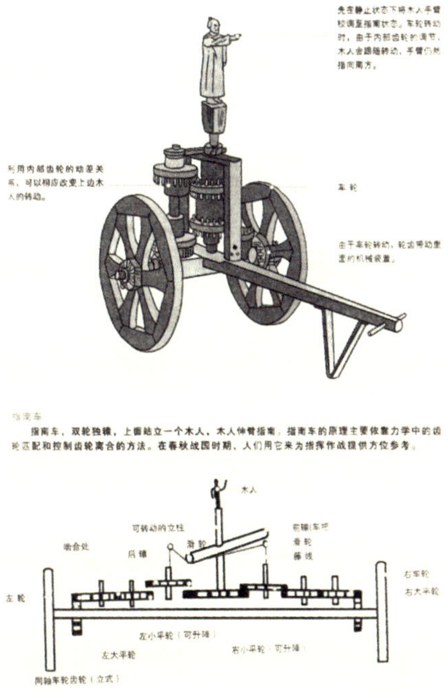

晋人崔豹《古今注》："黄帝与蚩尤战于涿鹿之野，蚩尤作大雾，兵士皆迷，于是黄帝作指南车以示四方，遂擒蚩尤，而即帝位。"黄帝发明的指南车为木结构，车上木人手镶磁石，车转向，而木人始终指南。三国时马钧复制了指南车，是我国古代科技的重大发明，现国家博物馆有指南车模型。

| 第二节 |

偃师作木假倡

偃师作假倡

假倡→

二、偃师作木假倡：《列子·汤问》周穆王西巡遇巧匠偃师，此人献假倡（古代木雕机器人）跳舞，无意冒犯了穆王侍妾，穆王要治罪，偃师把假倡当众解剖，以示清白，把这些部件重新凑拢以后，歌舞艺人又恢复原状。穆王消除疑虑后，这才高兴地叹道："人的技艺竟能与天地自然有同样的功效！"他下令随从的马车载上这个歌舞艺人一同回中原。

　　《列子·汤问》记载周穆王西巡遇巧匠偃师，此人献假倡（古代木雕机器人）跳舞，无意冒犯了穆王侍妾，穆王要治罪，偃师把假倡当众解剖，以示清白，把这些部件重新凑拢以后，歌舞艺人又恢复原状。穆王消除疑虑后，才高兴地叹道："人的技艺竟能与天地自然有同样的功效！"他下令随从的马车载上这个歌舞艺人一同回中原。

| 第三节 |

鲁班发明惠黎庶

三、鲁班发明惠黎庶：鲁班发明了锯、钻、凿、刨等大量的工具，把匠人从原始繁重的劳动中解放出来，大大地提高了生产效率。《墨子·鲁问》"公输子（鲁班）削竹木以为鹊，成而飞之，三日不下"。鲁班一生发明创作颇多，被奉为木业祖师。他研发的规（圆规）、矩（角尺）、准绳（墨线）被后世引用到社会法律层面，规范着人们的行为。

鲁班发明了锯、钻、凿、刨等大量的工具，把匠人从原始繁重的劳动中解放出来，大大地提高了生产效率。《墨子·鲁问》："公输子（鲁班）削竹木以为鹊，成而飞之，三日不下。"鲁班一生发明创作颇多，被奉为木业祖师。他研发的规（圆规）、矩（角尺）、准绳（墨线）被后世引用到社会法律层面，规范着人们的行为。

第四节

蔡伦树皮造纸

蔡伦造纸图

汉代造纸工艺流程图

①切树皮　②洗涤　③慢灰水　④蒸煮　⑤舂捣　⑥打髓　⑦抄纸　⑧晒纸　⑨揭纸

四、蔡伦树皮造纸：东汉和帝时蔡伦系统地总结和继承了前人的造纸技术，并加以改进和提高，特别是在开发和利用树皮纤维造纸的突破，比用丝、麻、破布造纸大大降低了生产成本，促进了造纸业的发展，被尊为纸圣，后人把以植物纤维为原料，按照他提出的工艺技术制造的纸，叫做「蔡侯纸」。一九九〇年国际纸史协会上与会专家一致肯定其功勋。

东汉和帝时，蔡伦系统地总结和继承了前人的造纸技术，并加以改进和提高，特别是在开发和利用树皮纤维造纸的突破，比用丝、麻、破布造纸大大降低了生产成本，促进了造纸业的发展，被尊为纸圣。后人把以植物纤维为原料，按照他提出的工艺技术制造的纸，叫做"蔡侯纸"。1990 年国际纸史协会上与会专家一致肯定其功勋。

| 第五节 |

诸葛亮造木牛流马

五、诸葛亮造木牛流马：《三国志·蜀志·诸葛亮传》："亮性长于巧思，损益连弩，木牛流马，皆出其意。"《诸葛亮集》有《作木牛流马法》史载建兴九年至十二年诸葛亮在北伐时所使用的木牛流马载重为一岁粮，大约四五百斤，每日"特行者数十里，群行三十里"，当年为蜀国大军提供粮草。木牛流马日后在全国推广，有力地促进了陆路交通的发展。

诸葛亮造木牛流马·冯墨农

《三国志·蜀志·诸葛亮传》："亮性长于巧思，损益连弩，木牛流马，皆出其意。"《诸葛亮集》有《作木牛流马法》，史载建兴九年至十二年，诸葛亮在北伐时所使用的木牛流马，其载重为一岁粮，大约四五百斤，每日"特行者数十里，群行三十里"，当年为蜀国大军提供粮草。木牛流马日后在全国推广，有力地促进了陆路交通的发展。

| 第六节 |

孙思邈发现火药

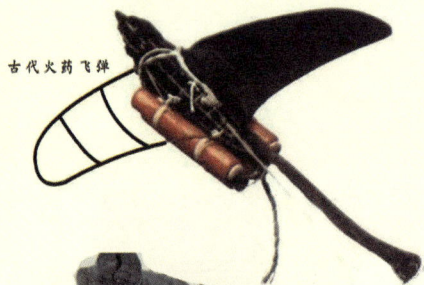

火药的应用

古代火药飞弹

火药配比

三木炭

二磺

一硝

六、孙思邈发现火药：唐朝初年，名医孙思邈在炼长生不老丹时，发现木炭与硝和硫磺混合在一起会着火，因最早应用在医药方面故称火药。但这种药不能使人长生不老，又容易着火，医学家对它不感兴趣，因此"一硝二磺三木炭"的火药配方就转到了军事家手里，成为威力空前的新式武器，引起战略技术、军事科技的重大变革，为我国四大发明之一。

　　唐朝初年，名医孙思邈在炼长生不老丹时，发现木炭与硝和硫磺混合在一起会着火，因最早应用在医药方面故称火药。但这种药不能使人长生不老，又容易着火，医学家对它不感兴趣，因此"一硝二磺三木炭"的火药配方就转到了军事家手里，成为威力空前的新式武器，引起战略技术、军事科技的重大变革，为我国四大发明之一。

| 第七节 |

雕版、活字印刷术

雕版活字印刷术

木活字

雕版门神

七、雕版、活字印刷术：木质印章是木活字的鼻祖，已有两千多年历史。雕版印刷术始于隋，盛于唐。雕版的第一步是选好木材，在几千种树木中，能用于雕版的只有梨木、枣木、黄杨等几种。雕版印刷比手抄写的效率提高很多倍，但费工废料，宋人毕昇发明活字印刷，元初王祯又在毕昇泥活字的基础上改刻木活字，不到一月印出《农书》百余部，为人类的文化进步作出巨大贡献。

　　木质印章是木活字鼻祖，已有两千多年历史。雕版印刷术始于隋，盛于唐。雕版的第一步是选好木材，在几千种树木中，能用于雕版的只有梨木、枣木、黄杨等几种。雕版印刷比手抄写的效率提高很多倍，但费工废料，宋人毕昇发明活字印刷，元初王祯又在毕昇泥活字的基础上改刻木活字，不到一月印出《农书》百余部，为人类的文化进步作出巨大贡献。

| 第八节 |

木匠万户飞天

八、木匠万户飞天：明朝初年木匠万户善于钻研，发明颇多，受到朝中大将班背的赏识，调到兵器部供职，后来班背因性情耿直而被奸臣迫害致死，万户因此看破红尘，欲飞往月球。为了实现自己的理想，他把火箭绑在自己的座椅上，手拿风筝，点燃火箭飞向太空，尽管因二级火箭爆炸而失败，但他勇于探索的精神，受到了全世界的敬仰。国际天文联合会将月球一座山命名为万户山。

　　明朝初年木匠万户善于钻研，发明颇多，受到朝中大将班背的赏识，调到兵器部供职，后来班背因性情耿直而被奸臣迫害致死，万户因此看破红尘，欲飞往月球。为了实现自己的理想，他把火箭绑在自己的座椅上，手拿风筝，点燃火箭飞向太空，尽管因二级火箭爆炸而失败，但他勇于探索的精神，受到了全世界的敬仰。国际天文联合会将月球一座山命名为万户山。

| 第九节 |

黄道婆完善纺织机

九、黄道婆完善纺织机：贫苦出身的黄道婆，幼年当童养媳，不忍折磨，漂泊海南，学纺纱技术，老年回上海故乡，广传技艺，并指导木工师傅对轧籽、弹花、纺纱、织布全部生产工序的工具进行系统的改革，创新出许多纺织工具，大大提高了纺织效率，有力的推进了棉纺织业的发展，受到人们尊重。至今上海植物园内仍有"黄母祠"。

改进 织布机

贫苦出身的黄道婆，幼年当童养媳，不忍折磨，漂泊海南，学纺纱技术，老年回上海故乡，广传技艺，并指导木工师傅对轧籽、弹花、纺纱、织布全部生产工序的工具进行系统的改革，创新出许多纺织工具，大大提高了纺织效率。有力地推进了棉纺织业的发展，受到人们尊重，至今上海植物园内仍有"黄母祠"。

第五章　名人与木艺

第一节

挪亚与方舟

第五章·名人与木艺

一、挪亚与方舟：远古时代，滔滔洪水要淹没世界，耶和华对挪亚说"你要用歌斐木造一只方舟，分一间一间地造，里外抹上松香，长三百肘，宽五十肘，高三十肘，方舟上边要留透光处，高一肘，方舟的门要开在旁边，方舟要分上、中、下三层，凡有血肉的活物，每样两个，一公一母，你要带入方舟，好在你那里保全生命，挪亚照办，众生度过洪水灭世之灾。

远古时代滔滔洪水要淹没世界，耶和华对挪亚说："你要用歌斐木造一只方舟，分一间一间地造，里外抹上松香。方舟的造法：要长三百肘，宽五十肘，高三十肘。方舟上边要留透光处，高一肘。方舟的门要开在旁边。方舟要分上、中、下三层。凡有血肉的活物，每样两个，一公一母，你要让人们带进方舟，在你那里保全生命。"挪亚照办，众生度过洪水灭世之灾。

| 第二节 |

木雕口诀记录者韩非

木雕面部技法

眼由小到大

鼻由大到小

二、木雕口诀的记录者韩非：战国末期的《韩非子·说林下》一书中记载了最早的木雕口诀：一刻削之道，鼻莫如大，目莫于小。鼻大可小，小不可大也。目小可大，大不可小也"。意思是雕刻人物鼻子应大一些，大了可改小；雕刻眼睛要小一点，小了可以改大。这一口诀，是两千多年前雕刻家雕刻人物面部技法的经验总结，至今在业内仍有指导意义。

战国末期的《韩非子.说林下》一书中记载了最早的木雕口诀："刻削之道，鼻莫如大，目莫于小。鼻大可小，小不可大也，目小可大，大不可小也。"意思是雕刻人物鼻子应大一些，大了可改小，雕刻眼睛要小一点，小了可以改大。这一口诀，是两千多年前雕刻家雕刻人物面部技法的经验总结，至今在业内仍有指导意义。

第三节

木作理论集成者李诚

李诚和他的《营造法式》

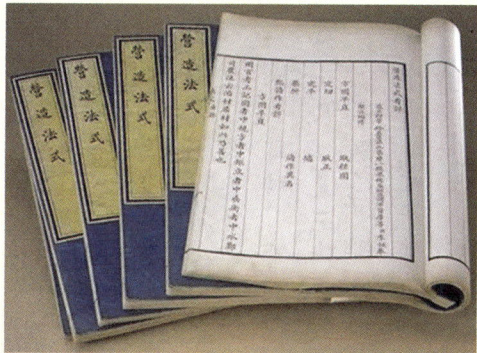

三、木作理论集成者李诚：北宋著名的土木建筑家，长期从事城郭、宫室、桥梁、舟车营缮事宜。建筑实践活动的需要，引发了对建筑理论体系思考，直接导致了《营造法式》的产生，由官方颁布实施。《营造法式》共计三十六卷，包括六大范畴，十三大类。其中大木作、小木作、雕作、旋作、锯作等涉及木作内容占了大量篇幅，形成了人文追求、审美理想、变造用材等完整的木作理论体系，长期指导着木作实践。

李诚是北宋著名的土木建筑家，长期从事城郭、宫室、桥梁、舟车营缮事宜，建筑实践活动的需要，引发了对建筑理论体系思考，直接导致了《营造法式》的产生，由官方颁布实施。《营造法式》共计三十六卷，包括六大范畴，十三大类，其中大木作、小木作、雕作、旋作、锯作等涉及木作的内容占了大量篇幅，形成了人文追求、审美理想、变造用材等完整的木作理论体系，长期指导着木作实践。

| 第四节 |

鲁班天子元顺帝

元顺帝和他的龙船

四、鲁班天子元顺帝：是元朝最后一位皇帝，他虽然在政治上不谙权术，但却是精通木工制作的发明家。据《元史》记载，元顺帝创作的最出名的木器，一是宫漏，高七尺，宽三尺，内设机关，左右设木人，夜则自动按更而击，子午时，木人自出，分毫不差。二是龙船，长一百二十尺，宽二十尺，行走时龙首、眼、口、爪、尾都活动自如，奇妙无比。后世称元顺帝为鲁班天子。

元顺帝是元朝最后一位皇帝，他虽然在政治上不谙权术，但却是精通木工制作的发明家。据《元史》记载，元顺帝创作的最出名的木器，一是宫漏，高七尺，宽三尺，内设机关，左右设木人，夜则自动按更而击，子午时，木人自出，分毫不差；二是龙船，长一百二十尺，宽二十尺，行走时龙首、眼、口、爪、尾都活动自如，奇妙无比。后世称元顺帝为鲁班天子。

第五节

木匠黄帝明熹宗

五、木匠皇帝明熹宗：明熹宗朱由校在历代帝王中是很有特色的一个皇帝，他心灵手巧，对制造木器有极浓厚的兴趣。凡刀锯斧凿、丹青髹漆之类的木匠活，他都要亲自操作，他手造的漆器、床、梳匣等，均装饰五彩，精巧绝伦，出人意料。熹宗还喜欢在木制器物上发挥自己的雕镂技艺，在他制作的十座护灯小屏上，雕刻着《寒雀争梅图》，形象逼真，艺术盖世。

明熹宗朱由校在历代帝王中是很有特色的一个皇帝，他心灵手巧，对制造木器有极浓厚的兴趣。凡刀锯斧凿、丹青髹漆之类的木匠活，他都要亲自操作。他手造的漆器、床、梳匣等，均装饰五彩，精巧绝伦，出人意料。熹宗还喜欢在木制器物上发挥自己的雕镂技艺，在他制作的十座护灯小屏上，雕刻着《寒雀争梅图》，形象逼真，艺术盖世。

| 第六节 |

庆亲王不爱江山爱木艺

庆亲王

六、庆亲王不爱江山爱木艺：乾隆末年，众多皇子觊觎皇位，唯十七子永璘不爱江山，《啸亭续录》：「永璘只求哪位哥哥日后荣登大宝，能发发善心把和珅的宅子赐给我住，就心满意足了。」和珅府邸中的木文化是在封建社会最高艺术的体现，某些方面甚至超过皇宫。嘉庆登基后，处斩和珅，把和珅的宅子赐给了庆亲王。后又成为恭王府，现为国家级文物保护单位。

　　乾隆末年，众多皇子觊觎皇位，唯十七子永璘不爱江山。《啸亭续录》："永璘只求哪位哥哥日后荣登大宝，能发发善心把和珅的宅子赐给我住，就心满意足了。"和珅府邸中的木文化是在封建社会最高艺术的体现，某些方面甚至超过皇宫。嘉庆登基后，处斩和珅，把和珅的宅子赐给了庆亲王。后又成为恭王府，现为国家级文物保护单位。

| 第七节 |

木匠画家齐白石

齐白石木雕作品

七、木匠画家齐白石 他出身贫寒，少年学木作谋生，先拜本家叔祖齐满木匠为师，后跟齐长龄学大木作，十六岁投周之美门下学木雕。齐白石虚心好学，独出心裁，创作出许多新花样，少年就成了小有名气的雕花木匠。出师后走街窜巷雕花刻木，特别是为西泠印社艺术家服务的经历，积累了深厚的文化艺术底蕴，进而成为国画大师。成名后仍以木匠身份而自豪，「鲁班门下」、「木居士」等印章，伴其书画终生。

齐白石出身贫寒，少年学木作谋生，先拜本家叔祖齐满木匠为师，后跟齐长龄学大木作，十六岁投周之美门下学木雕。齐白石虚心好学，独出心裁，创作出许多新花样，少年就成了小有名气的雕花木匠。出师后走街窜巷雕花刻木，特别是为西泠印社艺术家服务的经历，积累了深厚的文化艺术底蕴，进而成为国画大师。成名后仍以木匠身份而自豪，"鲁班门下""木居士"等印章，伴其书画终生。

第六章　木建筑

从上古构木为巢到秦始皇的阿房宫，从唐代沉香亭到辽代应县木塔，从明朝故宫到当代环保木屋，木与建筑密切相关，先人留下的木材利用技术广泛应用于楼、堂、馆、所的建设，在现代建筑中仍然体现有木的情结，例如：二〇〇八年北京奥运会主场馆鸟巢以及2010年的上海世博会中国国家馆等，在结构上都模仿了传统木结构，从视觉上满足了人们对木的向往。

第一节

北京故宫

北京故宫角楼

一、北京故宫：是明清两代的皇家宫殿，亦称紫禁城，位于北京中轴线的中心，是中国古代宫廷建筑之精华。北京故宫以三大殿为中心，占地面积七十二万平方米，建筑面积约十五万平方米，有大小宫殿七十多座，房屋九千余间。是世界上现存规模最大、保存最为完整的木结构古建筑群，它庄严和谐、气势雄伟，是建筑史上无以伦比的杰作。一九八七年故宫被联合国教科文组织列为世界文化遗产。

　　故宫是明清两代的皇家宫殿，亦称紫禁城，位于北京中轴线的中心，是中国古代宫廷建筑之精华。北京故宫以三大殿为中心，占地面积七十二万平方米，建筑面积约十五万平方米，有大小宫殿七十多座，房屋九千余间。是世界上现存规模最大、保存最为完整的木结构古建筑群，它庄严和谐、气势雄伟，是建筑史上无以伦比的杰作。1978年故宫被联合国教科文组织列为世界文化遗产。

第二节

孔 府

孔府大成门

二、孔府：又称衍圣公府，位于山东省曲阜市，是中国封建社会官衙与内宅合一的木结构建筑群，占地七点四公顷，有古建筑四百六十三间，前后九进院落。规模宏大、气势雄伟，是历代一品大员衍圣公居住和办公场所。宫室「勾心斗角」，「心」是指宫室中心，「角」是檐角，建造师们为使檐角伸向天空，用榫卯勾牢心。宫内雕梁画栋，头上悬梁，用青、白、红、蓝等色描绘着一个个精美图案，贵族气派尽显。一九九四年孔府被列为世界文化遗产。

孔府又称衍圣公府，位于山东省曲阜市，是中国封建社会官衙与内宅合一的木结构建筑群，占地7.4公顷，有古建筑四百六十三间，前后九进院落。它规模宏大、气势雄伟，是历代一品大员衍圣公居住和办公场所。宫室"勾心斗角"，"心"是指宫室中心，"角"是檐角，建造师们为使檐角伸向天空，用榫卯勾牢心。宫内雕梁画栋，头上悬梁，用青、白、红、兰等色描绘着一个个精美图案，贵族气派尽显。1994年孔府被列为世界文化遗产。

第三节

卢 宅

卢宅一角

三、卢宅：在浙江省东阳市，是江南久负盛名的古建筑群，为科第绵延的卢家所建。占地五百余亩，街巷纵横、规模宏大、雕饰华丽，有"民间故宫"之称。宅内精妙绝伦的木雕随处可见，无论建筑还是摆件，每一款木雕均巧构细镂，寓意丰富，从中延伸出道德礼仪教化着后人。因此才有这个家族二十几代的鼎盛。卢宅是极具文化、历史、艺术价值的木结构民居。

卢宅在浙江省东阳市，是江南久负盛名的古建筑群，为科第绵延的卢家所建。它占地五百余亩，街巷纵横、规模宏大、雕饰华丽，有"民间故宫"之称。宅内精妙绝伦的木雕随处可见，无论建筑还是摆件，每一款木雕均巧构细镂，寓意丰富，从中延伸出道德礼仪教化着后人，因此才有这个家族二十几代的鼎盛。卢宅是极具文化、历史、艺术价值的木结构民居。

| 第四节 |

岳阳楼

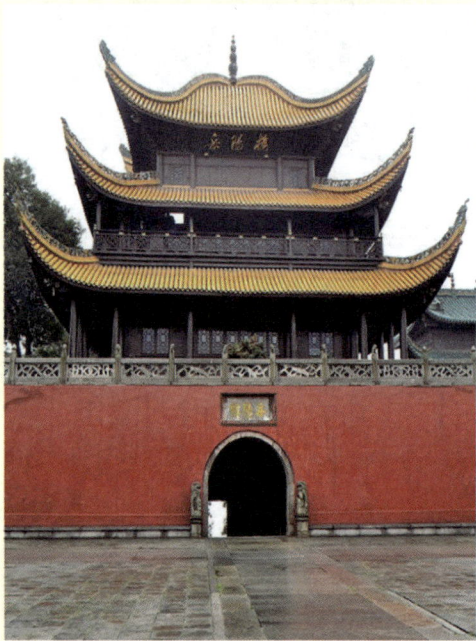
岳阳楼

四、岳阳楼：屹立于湖南省岳阳市巴丘山下，纯木结构，整座建筑没用一颗钉，承重的是四根楠木，从一楼直抵三楼，被称为通天柱。其中廊柱十三根，檐柱三十二根，用这些木柱卯为整体，斗拱承托着如意飞檐形成盔顶，这种结构独一无二。岳阳楼造型独特、线条优美，且有鲜明的民族风格。诗人杜甫、李白、韩愈、刘禹锡、白居易、李商隐，文学家范仲淹等留下名篇佳作，使岳阳楼名扬天下。

　　岳阳楼屹立于湖南省岳阳市巴丘山下，纯木结构，整座建筑没用一颗钉，承重的是四根楠木，从一楼直抵三楼，被称为通天柱。其中廊柱十三根，檐柱三十二根，用这些木柱卯为整体，斗拱承托着如意飞檐形成盔顶，这种结构独一无二。岳阳楼造型独特、线条优美，且有鲜明的民族风格。诗人杜甫、李白、韩愈、刘禹锡、白居易、李商隐，文学家范仲淹等留下名篇佳作，使岳阳楼名扬天下。

| 第五节 |

应县木塔

五、应县木塔：在山西省应县城内。建于辽清宁二年（公元一〇五六年），是现存最古老、最大的木塔。八角形、高六十七点三米，底层直径三十点二七米。采用双层环形构架，明暗多层用梁枋斗拱接合，同方向的斜撑，使塔形成一个整体。并加设不同方向的斜撑，它历经近千年的地震等自然灾害和土匪战乱，安然屹立在黄土高原上，凡参观过此塔的人，无不对它精美的建筑成就发出由衷的赞叹。它是古今中外木塔的最高典范。

应县木塔

应县木塔在山西省应县城内，建于辽清宁二年（公元 1056 年），是现存最古老、最大的木塔。塔身为八角形，高六十七点三米，底层直径三十点二七米。采用双层环形构架，明暗多层用梁枋斗拱接合，并加设不同方向的斜撑，使塔形成一个整体。它历经近千年的地震等自然灾害和土匪战乱，安然屹立在黄土高原上，凡参观过此塔的人，无不对它精美的建筑成就发出由衷的赞叹。它是古今中外木塔的最高典范。

| 第六节 |

滕王阁

滕王阁

六、滕王阁：位于江西省南昌市西北部赣江东岸，因唐太宗李世民之弟滕王李元婴始建而得名，又因初唐诗人王勃诗句"落霞与孤鹜齐飞，秋水共长天一色"而流芳后世。滕王阁历经沧桑、屡毁屡建，唐、宋、元、明、清先后重建二十八次之多，一九八九年落成的滕王阁，较一千三百多年前的建筑更加巍峨壮观，虽采用了一些现代建筑材料，但主阁是台梁式木结构，木雕门窗、格扁、牌匾、楹联巧夺天工。

　　滕王阁位于江西省南昌市西北部赣江东岸，因唐太宗李世民之弟滕王李元婴始建而得名，又因初唐诗人王勃诗句"落霞与孤鹜齐飞，秋水共长天一色"而流芳后世。滕王阁历经沧桑、屡毁屡建，唐、宋、元、明、清先后重建二十八次之多，1989年落成的滕王阁，较一千三百多年前的建筑更加巍峨壮观，虽采用了一些现代建筑材料，但主阁是台梁式木结构，木雕门窗、格扇、牌匾、楹联巧夺天工。

第七节

沉香亭

沉香亭

七、沉香亭：是唐代兴庆宫龙池边上一座十分壮丽的建筑，重檐四角攒尖顶，雕梁画栋，用沉香木所建，是兴庆宫主景。当年亭下遍植各色名贵牡丹，景色优美，唐玄宗与杨贵妃常在此赏花、歌舞、宴乐，故沉香亭有"国色天香"之誉。李白留有著名诗句一名花倾国两相欢，长得君王带笑看。解释春风无限恨，沉香亭北倚栏杆"。现在西安兴庆公园内的沉香亭是仿当年样式于一九五八年在原址重新修建的。

　　沉香亭是唐代兴庆宫龙池边上一座十分壮丽的建筑，重檐四角攒尖顶，雕梁画栋，用沉香木所建，是兴庆宫主景。当年亭下遍植各色名贵牡丹，景色优美，唐玄宗与杨贵妃常在此赏花、歌舞、宴乐，故沉香亭有"国色天香"之誉。李白留有著名诗句："名花倾国两相欢，长得君王带笑看。解释春风无限恨，沉香亭北倚栏杆。"现在西安兴庆公园内的沉香亭是仿当年样式于1958年在原址重新修建的。

| 第八节 |

垂花门

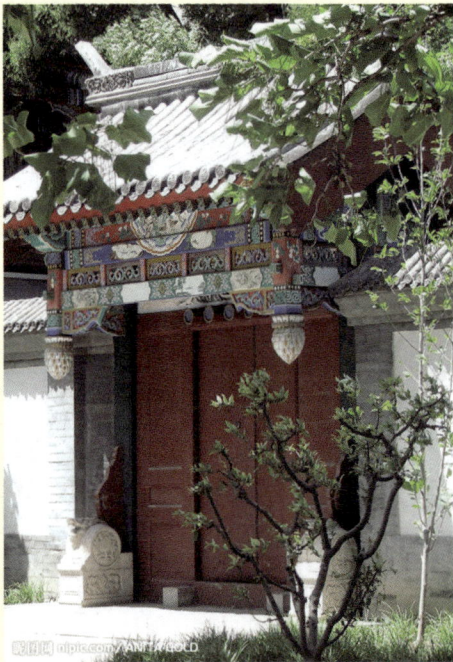
垂花门

八、垂花门：是装饰性极强的木结构建筑，它的各个突出部位几乎都有十分讲究的装饰。垂花门向外一侧的梁头雕成云头状，梁头下有一对雕花垂柱，联络两柱的部件雕有精美的祥云图案，寄托着人们对美好生活的向往。垂花门是四合院中一道很讲究的门，前院与内院用垂花门和院墙相隔。垂花门还广泛应用于园林、寺庙建筑，是劳动人民勤劳智慧的结晶，是一幅具有浓郁民族特色的风情画卷。

　　垂花门是装饰性极强的木结构建筑，它的各个突出部位几乎都有十分讲究的装饰，垂花门向外一侧的梁头雕成云头状，梁头下有一对雕花垂柱，联络两柱的部件雕有精美的祥云图案，寄托着人们对美好生活的向往。垂花门是四合院中一道很讲究的门，前院与内院用垂花门和院墙相隔。垂花门还广泛应用于园林、寺庙建筑，是劳动人民勤劳智慧的结晶，是一幅具有浓郁民族特色的风情画卷。

第九节

游 廊

游廊

九、游廊：是以木结构为主的古典建筑通道，多用于庭院、园林之中，供人休憩、观赏，起划分景区、引导观景之用。结构包括柱、梁、檩、枋和椽子等，倒挂楣子安装于柱间檐枋下，楣子下面两端有透雕花牙，坐凳楣子安装于柱间靠近基面部位，上加坐凳板供人休憩，梁枋上绘饰精美彩画。游廊的建筑艺术包括布局、体量、结构、色彩、美学、力学等，受到世人的喜爱。游廊代表作颐和园长廊获吉尼斯世界之最。

游廊是以木结构为主的古典建筑通道，多用于庭院、园林之中，供人休憩、观赏，起划分景区、引导观景之用。结构包括柱、梁、檩、枋和椽子等，倒挂楣子安装于柱间檐枋下，楣子下面两端有透雕花牙，坐凳楣子安装于柱间靠近基面部位，上加坐凳板供人休憩，梁枋上绘饰精美彩画。游廊的建筑艺术包括布局、体量、结构、色彩、美学、力学等，受到世人的喜爱。游廊代表作颐和园长廊获吉尼斯世界之最。

| 第十节 |

木拱廊桥

木拱廊桥

十、木拱廊桥：广泛分布于江南，以浙江省南部山区的泰顺最为集中，当地先人的"交通规则"是在相隔一定行程的路上，建一座供人歇脚的风雨亭，桥上要建屋檐，可以保护木建筑的桥梁免受日晒雨淋的侵蚀，还能起到为路人遮阳避雨的作用。有的廊桥还建有供人暂住的房间。民间廊桥数量众多，结构类型丰富多彩，集力学、美学为一体的廊桥，在中国桥梁史上有极为重要的历史文物价值，引起国内外的广泛重视。

　　木拱廊桥广泛分布于江南，以浙江省南部山区的泰顺最为集中，当地先人的"交通规则"是在相隔一定行程的路上，建一座供人歇脚的风雨亭，桥上要建屋檐，可以保护木建筑的桥梁免受日晒雨淋的侵蚀，还能起到为路人遮阳避雨的作用。有的廊桥还建有供人暂住的房间。民间廊桥数量众多，结构类型丰富多彩，集力学、美学为一体的廊桥，在中国桥梁史上有极为重要的历史文物价值，引起国内外的广泛重视。

|第十一节|

高脚屋

亚和我国南方农村流行。
高脚屋适应当地的地理环境，至今仍在东南
水、通风防潮，还能避免蛇虫及野兽伤害。
放置农具和其他物品。高脚屋的特点是不怕
墙，只有数根桩柱，用于饲养牲口、家禽，
一般高脚屋分上下两层，上层住人，下层无
与亚热带地区一种十分普遍的干栏式民居。
为全木结构，是气候潮湿、雨量充沛的热带
十一、高脚屋：最初用竹木搭建，逐步发展

高脚屋

高脚屋最初用竹木搭建，逐步发展为全木结构，是气候潮湿、雨量充沛的热带与亚热带地区一种十分普遍的干栏式民居。一般高脚屋分上下两层，上层住人，下层无墙，只有数根桩柱，用于饲养牲口、家禽，放置农具和其他物品。高脚屋的特点是不怕水、通风防潮，还能避免蛇虫及野兽伤害。高脚屋适应当地的地理环境，至今仍在东南亚和我国南方农村流行。

|第十二节|

当代木屋

当代木屋

十二、当代木屋：是用木材建造的房屋，不仅冬暖夏凉、抗潮保温、透气性强，还蕴涵着浓厚的文化气息，淳朴典雅。梅雨季节能自动吸潮，干燥时又会释放水分，因此享有"会呼吸的房子"之美誉。可随意进行个性化设计，建设工期短、使用寿命长、环保无污染、结构强度高，具有良好的抗震性能。达到环保、安全、健康住宅的各项要求，非常适合人类居住，具有广阔的发展前景。

　　当代木屋是用木材建造的房屋，不仅冬暖夏凉、抗潮保温、透气性强，还蕴涵着浓厚的文化气息，淳朴典雅。梅雨季节能自动吸潮，干燥时又会释放水分，因此享有"会呼吸的房子"之美誉。可随意进行个性化设计，建设工期短、使用寿命长、环保无污染、结构强度高，具有良好的抗震性能。达到环保、安全、健康住宅的各项要求，非常适合人类居住，具有广阔的发展前景。

第七章　木雕

| 第一节 |

东阳木雕

东阳木雕·陆光正·高凤亮节

第六章·木雕

一、浙江东阳木雕：这种以平面浮雕为主的雕刻艺术，散点透视构图，多层次浮雕凸显平面近似圆雕的装饰艺术效果，因保留原木的天然色泽，而称为白木雕，色泽清淡、格调高雅，从唐至今已有千年历史，北京故宫等著名古建都有东阳木雕留世。这一流派越做越大，是中华民族最优秀民间艺术之代表。

这种以平面浮雕为主的雕刻艺术，散点透视构图，多层次浮雕凸显平面近似圆雕的装饰艺术效果，因保留原木的天然色泽，而称为白木雕，色泽清谈、格调高雅，从唐至今已有千年历史，北京故宫等著名古建都有东阳木雕留世，室内装饰、艺术摆件等木雕美轮美奂。这一流派越做越大，是中华民族最优秀民间艺术之代表。

| 第二节 |

黄杨木雕

黄杨木雕

伏羲

二、黄杨木雕：黄杨木质地坚韧光洁，纹理细密、色如象牙，以此木雕刻的工艺品称为黄杨木雕。产于浙江、上海、福建、江苏等地，以温州乐清最为著名。黄杨木雕多以小型人物雕刻的形式单独出现，造型栩栩如生，人物清新隽逸，衣纹轻盈透体，题材大多表现佛像、仕女、戏婴、神话人物等。刀法圆转流畅，具有形神兼备、结构虚实相间的诗情画意。

　　黄杨木质地坚韧光洁，纹理细密，色如象牙，以此木雕刻的工艺品称为黄杨木雕。产于浙江、上海、福建、江苏等地，以温州乐清最为著名。黄杨木雕多以小型人物雕刻的形式单独出现，造型栩栩如生，人物清新隽逸，衣纹轻盈透体，题材大多表现佛像、仕女、戏婴、神话人物等。刀法圆转流畅，具有形神兼备、结构虚实相间的诗情画意。

| 第三节 |

潮州木雕

潮州木雕

状元及第
广东潮州金漆博物馆收藏

三、潮州木雕：广东潮州木雕，又称金漆木雕，主要用以建筑装饰、神器装饰、家具装饰、案头装饰等。雕刻技法有沉雕、浮雕、圆雕、锯通雕（单层）、通雕（多层）。通雕具有划时代意义，工艺精湛，玲珑剔透，精雕细琢。贴上金箔，金碧生辉、富丽堂皇，受到国内外华人的喜爱，其精美的艺术魅力名扬四海。二〇〇六年列入第一批国家级非物质文化遗产名录。

　　广东潮州木雕，又称金漆木雕，主要用以建筑装饰、神器装饰、家具装饰、案头装饰等。雕刻技法有沉雕、浮雕、圆雕、锯通雕（单层）、通雕（多层）。通雕具有划时代意义，工艺精湛，玲珑剔透，精雕细琢。贴上金箔，金碧生辉、富丽堂皇，受到国内外华人的喜爱，其精美的艺术魅力名扬四海。2006 年列入第一批国家级非物质文化遗产名录。

| 第四节 |

龙眼木雕

龙眼木雕·孔雀

亦为中国木雕苑中一支奇葩。

既有准确的解剖原理，又有生动的艺术夸张，

镂空雕，造型生动稳重，布局合理，结构优美，

惠安等地。龙眼木雕以圆雕为主，也有浮雕、

活灵活现。主产地由福州发展到莆田、泉州、

施艺，以天然逼真取胜，雕刻的孔雀、凤凰等

龙眼树而得名，龙眼树根姿态万千，艺人因材

四、龙眼木雕：因使用的材料是福建盛产的

　　龙眼木雕因使用的材料是福建盛产的龙眼树而得名，龙眼树根姿态万千，艺人因材施艺，以天然逼真取胜，雕刻的孔雀、凤凰等活灵活现。主产地由福州发展到莆田、泉州、惠安等地。龙眼木雕以圆雕为主，也有浮雕、镂空雕，造型生动稳重，布局合理，结构优美，既有准确的解剖原理，又有生动的艺术夸张，亦为中国木雕苑中一支奇葩。

| 第五节 |

徽州木雕

徽州木雕·雀替局部

五、徽州木雕：安徽徽州盛产木材，徽州建筑以木结构为主，为木雕艺人提供了用武之地。徽州木雕主要用于建筑和家庭装饰，其分布范围之广在全国首屈一指，遍及城乡，居民宅院的屏风、窗棂、栏柱，日常使用的床、桌、椅、案和文人用具上均可一睹木雕的风采。兼用浮雕、透雕、圆雕，既美观又实用，在中国木雕园地独树一帜。

　　安徽徽州盛产木材，徽州建筑以木结构为主，为木雕艺人提供了用武之地。徽州木雕主要用于建筑和家庭装饰，其分布范围之广在全国首屈一指，遍及城乡，居民宅院的屏风、窗棂、栏柱，日常使用的床、桌、椅、案和文人用具上均可一睹木雕的风采。兼用浮雕、透雕、圆雕，既美观又实用，在中国木雕园地独树一帜。

第六节

剑川木雕

剑川木雕·镶嵌大理石座椅

六、剑川木雕：云南省大理州剑川县，素称"木匠之乡"，勤劳智慧的剑川白族人民，在吸收了汉族和其他民族的文化和技艺后，逐步形成了独特精湛的木雕风格，用优质硬木精心雕出各种人物、花鸟、山水及丰富多彩的吉祥图案，用以装饰门窗、梁栋、斗拱、门楣等，尤其是木雕镶嵌大理石家具，古朴大方、高贵典雅，具有很高的实用、艺术和收藏价值，远销数十个国家和地区。

　　云南省大理州剑川县，素称"木匠之乡"，勤劳智慧的剑川白族人民，在吸收了汉族和其他民族的文化和技艺后，逐步形成了独特精湛的木雕风格，用优质硬木精心雕出各种人物、花鸟、山水及丰富多彩的吉祥图案，用以装饰门窗、梁栋、斗拱、门楣等，尤其是木雕镶嵌大理石家具，古朴大方、高贵典雅，具有很高的实用、艺术和收藏价值，远销数十个国家和地区。

| 第七节 |

山东木雕

山东木雕·孟子·阳谷木雕

七、山东木雕：孔子讲的「朽木不可雕」以及孟子、墨子等人的论著，佐证山东木雕已有二千五百多年的辉煌历史。大量史料记载，每逢外敌入侵，山东人誓死抵抗，人遭涂炭，艺术品被抢光、烧光，因此木雕艺术品很少传世，但孔府的楷木雕世代相传，民间的实用木雕从未间断。肥城桃木雕蓬勃发展，阳谷人文木雕欣欣向荣……山东木雕人努力光大木雕事业。

　　孔子讲的"朽木不可雕"以及孟子、墨子等人的论著，佐证山东木雕已有二千五百多年的辉煌历史。大量史料记载，每逢外敌入侵，山东人誓死抵抗，人遭涂炭，艺术品被抢光、烧光，因此木雕艺术品很少传世，但孔府的楷木雕世代相传，民间的实用木雕从未间断。肥城桃木雕蓬勃发展，阳谷人文木雕欣欣向荣……山东木雕人努力光大木雕事业。

第八节

曲阜楷木雕

曲阜楷木雕如意·颜世伟

八、曲阜楷木雕：楷木是孔门弟子子贡在孔林所栽种的名贵树木，它木质细，坚硬而柔韧，是雕刻用材的上等好料。孔府珍藏的孔子及其夫人圆雕立像相传是子贡所作。楷木雕的主要作品是手杖和如意，玲珑剔透，花纹如丝而不断，艺夺天工，是孔府向朝廷进贡的贡品。楷木雕以丰富的文化内涵和精湛的艺术技法，成为曲阜所独有的汉民族手工精品，也已成为国家级非物质文化遗产。

楷木是孔门弟子子贡在孔林所栽种的名贵树木，它木质细，坚硬而柔韧，是雕刻用材的上等好料。孔府珍藏的孔子及其夫人圆雕立像相传是子贡所作。楷木雕的主要作品是手杖和如意，玲珑剔透，花纹如丝而不断，艺夺天工，是孔府向朝廷进贡的贡品。楷木雕以丰富的文化内涵和精湛的艺术技法，成为曲阜所独有的汉民族手工精品，也已成为国家级非物质文化遗产。

第九节

肥城桃木雕

肥城桃木剑·王来新

九、肥城桃木雕：桃木雕刻是中国吉祥文化的重要组成部分，肥城有十万亩桃园，资源优势转化为产业优势，桃木雕刻厂家已有一百六十余家，产品有桃木剑、桃木如意、桃木挂饰二十大系列三千多个品种，承载着吉祥文化和桃园风情的桃木雕刻，有辟邪、祝福、祝寿、实用的特点，千百年来与人们的生活密切相关，深受国内外用户的喜爱。

桃木雕刻是中国吉祥文化的重要组成部分。肥城有十万亩桃园，资源优势转化为产业优势，桃木雕刻厂家已有一百六十余家，产品有桃木剑、桃木如意、桃木挂饰二十大系列三千多个品种，承载着吉祥文化和桃园风情的桃木雕刻，有辟邪、祝福、实用的特点，千百年来与人们的生活密切相关，深受国内外用户的喜爱。

| 第十节 |

阳谷人文木雕

十、阳谷人文木雕：山东阳谷王氏秉据德、游艺、弘文之家训，继抒怀、励志、陶情之祖风，由文人设计创作，用木雕手艺反映用户的文化理念，昭示自己的研究成果，表达对用户的吉祥祝福，讴歌圣贤英杰，是阳谷木雕的主题。以崇文尚艺、厚德薄利为宗旨，以造型大气、线条豪放为特色。不雕怪力乱神，多镌名言胜景。中国工艺美术协会评价阳谷木雕"具有鲜明的文化和艺术个性"，被多位名家誉为"人文木雕"。

大同孔子·阳谷木雕

山东阳谷王氏秉"据德、游艺、弘文"之家训，继"抒怀、励志、陶情"之祖风，由文人设计创作，用木雕手艺反映用户文化理念、昭示自己的研究成果、表达对用户的吉祥祝福、讴歌圣贤英杰是阳谷木雕的主题，以崇文尚艺、厚德薄利为宗旨，以造型大气、线条豪放为特色，不雕怪力乱神，多镌名言胜景，中国工艺美术协会评价阳谷木雕"具有鲜明的文化和艺术个性"，被多位名家誉为"人文木雕"。

第八章　木偶

用木材雕刻绘制的偶像，是由艺人操作进行表演的最古老的戏曲之一，始于西周，兴于汉代，唐朝有了新的发展和提高，广泛用木偶进行歌舞表演，宋朝木偶制作工艺和操纵技艺进一步成熟，明朝木偶戏已流行全国各地，清朝木偶日臻完善。木偶按体形、操作技艺分为四大类：水上木偶、杖头木偶、掌中木偶（亦称布袋木偶）、悬丝木偶，现已分别列入国家级非物质文化遗产名录。

| 第一节 |

水木偶

水木偶

一、水木偶：汉班昭在《续汉书·五行志》中云："时京师宾婚宴会皆傀儡，魏明帝时扶风人马均以大木雕构使其形若轮，平地施之，潜以水发焉，设为女乐舞像，至令木人水转百戏，击鼓、吹箫、跳丸、掷剑、缘絙倒立，出入自在。百官、春磨、斗鸡、变化多端，此为水傀偶，亦称水木偶。唐、宋、元、明、清历代延续，江南把水木偶传承至今。

汉班昭在《续汉书·五行志》中云："时京师宾婚宴会皆傀儡。"魏明帝时，扶风人马均以大木雕构使其形若轮，平地施之，潜以水发焉，设为女乐舞像，至令木人水转百戏，击鼓吹箫、跳丸、掷剑、缘絙倒立，出入自在。百官、春磨、斗鸡、变化多端，此为水傀偶，亦称水木偶。唐、宋、元、明、清历代延续，江南把水木偶传承至今。

| 第二节 |

杖头木偶

杖头木偶

二、杖头木偶：艺人用手托举木偶并操棍杖进行表演各种剧目，它内部空虚，眼嘴可以活动，五官设色逼真，造型与戏曲中的人物形象极为相近，表演生动传神。杖头木偶遍布中国大地的南北东西，各地木偶高差很大，从八寸至人高不等，大中小木偶各有特色，是人民喜闻乐见的传统戏曲，二〇〇六年列入国家级非遗保护名录。

　　艺人用手托举木偶并操棍杖进行表演各种剧目，它内部空虚，眼嘴可以活动，五官设色逼真，造型与戏曲中的人物形象极为相近，表演生动传神。杖头木偶遍布中国大地的南北东西，各地木偶高差很大，从八寸至人高不等，大中小木偶各有特色，是人民喜闻乐见的传统戏曲，2006 年列入国家级非物质文化遗产名录。

第三节

掌中木偶

三、掌中木偶：文称布袋木偶，用木头雕刻成人头、手、掌、足。木偶的身躯与四肢都是用布料做成的服装，演出时将手套入类似布袋的服装中，用手指表演，故又称布袋木偶，《漳州府志》记载宋代已有布袋木偶戏，元、明、清、民国至今长盛不衰。福建各地都有专业或业余木偶戏班，成为人们精神生活不可或缺的一部分。

掌中木偶

掌中木偶又称布袋木偶，用木头雕刻出人头、手、掌、足。木偶的身躯与四肢都是用布料做成的服装，演出时将手套入类似布袋的服装中，用手指表演，故又称布袋木偶，《漳州府志》记载宋代已有布袋木偶戏，元、明、清、民国至今长盛不衰。福建各地都有专业或业余木偶戏班，成为人们精神生活不可或缺的一部分。

| 第四节 |

悬丝木偶

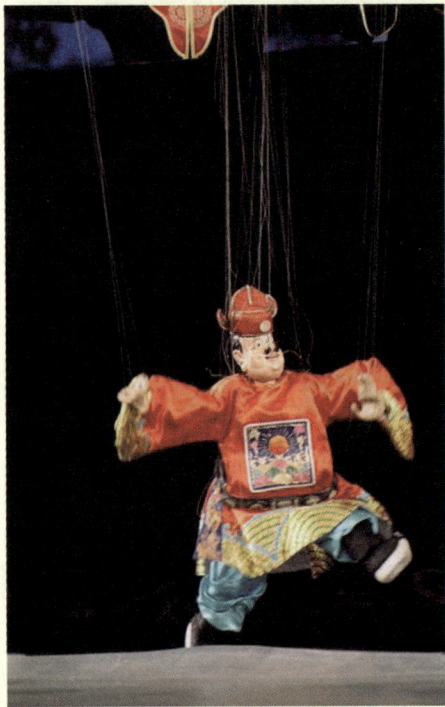
悬丝木偶

四、悬丝木偶：形体完整，头、躯干、四肢悬于二三十根细丝上，艺人牵引木偶表演，又称提线木偶。它的代表是福建提线木偶戏，是唯一有自己音乐"傀儡调"的戏种，至今仍完整保存近三百支曲牌旋律曲调及南鼓、钲锣等古乐器。提线木偶操作复杂、表演技巧难度甚高，是木偶戏中之翘楚。二〇〇六年列入国家级非物质文化遗产名录。

　　悬丝木偶形体完整，头、躯干、四肢悬于二三十根细丝上，艺人牵引木偶表演，又称提线木偶。它的代表是福建提线木偶戏，是唯一有自己音乐"傀儡调"的戏种，至今仍完整保存近三百支曲牌旋律曲调及南鼓、钲锣等古乐器。提线木偶操作复杂、表演技巧难度甚高，是木偶戏中之翘楚。2006 年列入国家级非物质文化遗产名录。

| 第五节 |

木偶退敌

五、木偶退敌：木偶曾用于战争，司马迁在《史记》中记述：汉高祖刘邦与匈奴交战，至平城，为匈奴所困，七日不得食，高祖用陈平奇计，在城楼装配许多貌若天仙的木偶佳人，玄黄杂青，五色绣衣，舞姿翩翩与真人无异，心怀妒意的匈奴单于冒顿之妻阏氏，恐其夫破城后贪色，唆使丈夫解除对平城的包围，使高祖得以脱险。这是木偶用于军事的确切史料。

木偶退敌

　　木偶曾用于战争，司马迁在《史记》中记述：汉高祖刘邦与匈奴交战，至平城，为匈奴所困，七日不得食，高祖用陈平奇计，在城楼装配许多貌若天仙的木偶佳人，玄黄杂青，五色绣衣，舞姿翩翩与真人无异，心怀妒意的匈奴单于冒顿之妻阏氏，恐其夫破城后贪色，唆使丈夫解除对平城的包围，使高祖得以脱险。这是木偶用于军事的确切史料。

| 第六节 |

大木偶

莱西当代大木偶

六、大木偶：一九七九年山东莱西县发掘一具高一百九十三厘米的西汉大木偶，肢体由十三段木件组成，关节可活动，坐、立、跪兼善。木偶制作已达到与真人无二、活动自如的境地，为木偶戏的萌芽奠定了坚实的科学基础，有力地佐证了《列子·汤问》记载的"偃师造假倡"和《史记》记载的"陈平用木偶美人解冒顿围困刘邦"故事的真实性。

　　1979年山东莱西县发掘一具高一百九十三厘米的西汉大木偶，肢体由十三段木件组成，关节可活动、坐、立、跪兼善，木偶制作已达到与真人无二、活动自如的境地，为木偶戏的萌芽奠定了坚实的科学基础，有力地佐证了《列子·汤问》记载的"偃师造假倡"和《史记》记载的"陈平用木偶美人解冒顿围困刘邦"故事的真实性。

第九章 木家具

木家具是人类生活不可缺失的重要器物，家具随着时代的不断发展而创新，商周的几屏，战国的漆木，秦汉的床榻，魏晋的胡床，大唐的经桌，宋代的镜台，明代的桌椅，清代的橱柜，近现代的卧室家具、书房家具、客厅家具、厨卫家具，千变万化，但家具主体材料天然之木始终未变，温馨、环保、美丽、朴实的木材是人类最理想的伴侣。

| 第一节 |

商周早期家具

商周·原始家具

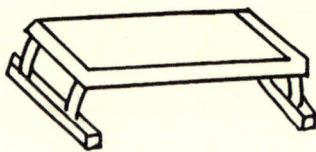

《三礼图》中的几

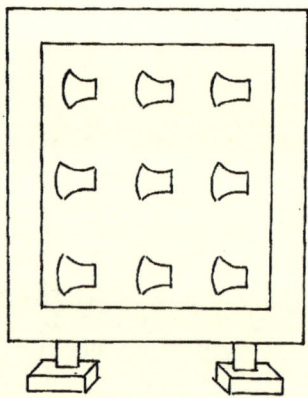

《三礼图》中的屏风

一、商周早期家具：左图上是「三礼图」中的几，主要为长者和尊者所设，放在身前或身侧，为后来的桌、案、椅等家具奠定了基础。左图下是「三礼图」中的扆，扆是门与窗之间的屏风，亦称斧扆，是天子专用器具，它以木为框，糊以绛帛，上绘斧纹，斧形近刃处画白色，其余部分为黑色，这是天子名位与权利的象征。斧扆为后世屏风之祖。

　　左图上是《三礼图》中的几，主要为长者和尊者所设，放在身前或身侧，为后来的桌、案、椅等家具奠定了基础。左图下是《三礼图》中的扆，扆是窗与门之间的屏风，亦称斧扆，是天子专用器具，它以木为框，糊以绛帛，上绘斧纹，斧形近刃处画白色，其余部分为黑色，这是天子名位与权利的象征。斧扆为后世屏风之祖。

| 第二节 |

战国漆木家具

战国·漆木家具

雕花木案

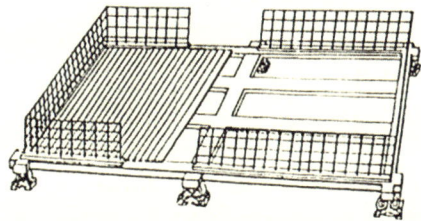

漆木床

二、战国漆木家具：随着生产力的发展，战国时期出现了一批新兴漆木家具，右图上为河南信阳出土的雕花大漆案，虽经地下埋藏二千多年，但精美的雕花图案仍先彩夺目。右图下是同一地点出土的雕刻彩绘漆木床，四周镶有围栏，左右两边都留有一个可上下的缺口，床面是活动屉板，有六只雕刻床足，通体髹漆彩绘，由此可见战国家具的装饰水平。

随着生产力的发展，战国时期出现了一批新兴漆木家具，右图上为河南信阳出土的雕花大漆案，虽经地下埋藏二千多年，但精美的雕花图案仍光彩夺目。右图下是同一地点出土的雕刻彩绘漆木床，四周镶有围栏，左右两边都留有一个可上下的缺口，床面是活动屉板，有六只雕刻床足，通体髹漆彩绘，由此可见战国家具的装饰水平。

| 第三节 |

汉代屏风榻

汉·屏风榻

三、汉代屏风榻：国家的统一是经济发展的保障，汉代中央和地方都设有专门机构和官员管理手工业，家具的生产进入了兴盛时期。屏风与榻组合是汉代家具的发明，有单扇、双扇，左图是辽阳棒子台汉墓壁画上的图案，榻的一侧和后侧均加屏风，上可设帐，榻沿施坠饰，富丽而典雅，类似款式的屏风榻，各地多有出土，这款家具在汉代流行甚广。

　　国家的统一是经济发展的保障，汉代中央和地方都设有专门机构和官员管理手工业，家具的生产进入了兴盛时期，屏风与榻组合是汉代家具的发明，有单扇、双扇，左图是辽阳棒子台汉墓壁画上的图案，榻的一侧和后侧均加屏风，上可设帐，榻沿施坠饰，富丽而典雅。类似款式的屏风榻，各地多有出土，这款家具在汉代流行甚广。

| 第四节 |

唐代木雕经桌

唐·木雕经桌

四、唐代木雕经桌：右图上为"六尊者像"中的经桌，桌面的四边立面均雕有花饰，桌面下弧形牙板，四条腿精雕细刻。右图下撇脚案造型极为特殊，案面两端卷起上翘，有束腰，四条腿上端膨出，顺势而下，形成四只向外撇的撇脚，腿的上端有牙条，前后有拱形花枨。唐代家具在造型上独具一格，具有博大的气势和稳定的感觉，反映了经济的繁荣和佛教的兴盛。

右图上为"六尊者像"中的经桌，桌面的四边立面均雕有花饰，桌面下弧形牙板，四条腿精雕细刻。右图下撇脚案造型极为特殊，案面两端卷起上翘，有束腰，四条腿上端膨出，顺势而下，形成四只向外撇的撇脚，腿的上端有牙条，前后有拱形花枨。唐代家具在造型上独具一格，具有博大的气势和稳定的感觉，反映了经济的繁荣和佛教的兴盛。

| 第五节 |

五代座椅

五代·座椅

五、五代座椅：左图上圈椅是从周文矩的「宫中图」中看到的，从它半圆的座面、微弯的搭脑中可以看出，这种圈椅乃是唐代的月牙凳与凭几的组合体。左图下是艾克先生在「中国花梨家具图考」中所载的五代木椅，搭脑为弓背形，两端出头向上翘起，棕或藤编织的靠背，扶手前出头并向外弯曲，四条腿上细下粗，左右及后面有枨，这是四出头靠背扶手椅的最初形式。

　　左图上圈椅是从周文矩的《宫中图》中看到的，从它半圆的座面、微弯的搭脑中可以看出，这种圈椅乃是唐代的月牙凳与凭几的组合体。左图下是艾克先生在《中国花梨家具图考》中所载的五代木椅，搭脑为弓背形，两端出头向上翘起，棕或簾编织的靠背，扶手前出头并向外弯曲，四条腿上细下粗，左右及后面有枨，这是四出头靠背扶手椅的最初形式。

第六节

宋代木雕镜台

宋·木雕镜台

六、宋代木雕镜台：宋代由于完成了垂足而坐的起居革命，在各族人民的智慧相互影响之下，宋代家具得到了空前的发展。最基本的特点是：高型家具品种齐备。右图为河南白沙宋墓出土的镜台，顶端有七枝花叶形装饰，以最顶端的中心花叶系起镜面，下为方框托住雕花镜架。底部有座，座下有角状小足。足间又有牙条装饰。此镜台置于桌上使用。

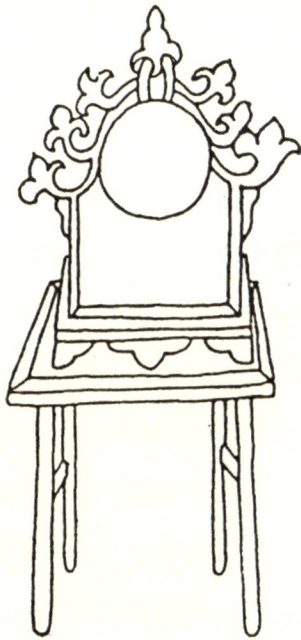

　　宋代由于完成了垂足而坐的起居革命，在各族人民的智慧相互影响之下，宋代家具得到了空前的发展，其最根本的特点是：高型家具品种齐备。右图为河南白沙宋墓出土的镜台，顶端有七枝花叶形装饰，以最顶端的中心花叶系起镜面，下为方框托住雕花镜架，底部有座，座下有角状小足。足间又有牙条装饰。此镜台置于桌上使用。

| 第七节 |

复制宋代家具

宋·家用轿车　阳谷木雕为狮子楼旅游城复制

七、复制宋代家具：明清家具参考图书资料颇多，但宋代家具研究者无几，参考资料甚少，二〇〇九年阳谷木雕传人王传成、王志达父子，根据宋代「营造法式」、宋代古画、「鲁班经」、明万历年间「金瓶梅」版画等确切的文字和图案史料，为狮子楼旅游城复制宋代家具近四百件，填补了宋代家具研制的空白，恢复了宋代家具的原貌，为后世研究宋代家具提供了实物资料。

　　明清家具参考图书资料颇多，但宋代家具研究者无几，参考资料甚少，2009 年阳谷木雕传人王传成、王志达父子，根据宋代《营造法式》、宋代古画、《鲁班经》、明万历年间《金瓶梅》版画等确切的文字和图案史料，为狮子楼旅游城复制宋代家具近四百件，填补了宋代家具研制的空白，恢复了宋代家具的原貌，为后世研究宋代家具提供了实物资料。

| 第八节 |

明代文房家具

八、明代书房家具：右图书房文人在画案旁执笔扶纸，准备挥毫泼墨，文人背后是独扇屏风，室内左侧依次为一张条桌，一个书格……书房是清心凝神之斋，挥毫抒情之地，读书论道之所，文友交流之场，修身养性之处，是积累知识的精神家园。书房悠久的历史诉说着中国人特有的风骨和品性。如今书房陈设之风再起，是人们渴望知识的体现，是社会文明的进步。

明·书房家具

右图书房文人在画案旁执笔扶纸，准备挥毫泼墨，文人背后是独扇屏风，室内左侧依次为一张条桌，一个书格……书房是清心凝神之斋，挥毫抒情之地，读书论道之所，文友交流之场，修身养性之处，是积累知识的精神家园。书房悠久的历史诉说着中国人特有的风骨和品性。如今书房陈设之风再起，是人们渴望知识的体现，是社会文明的进步。

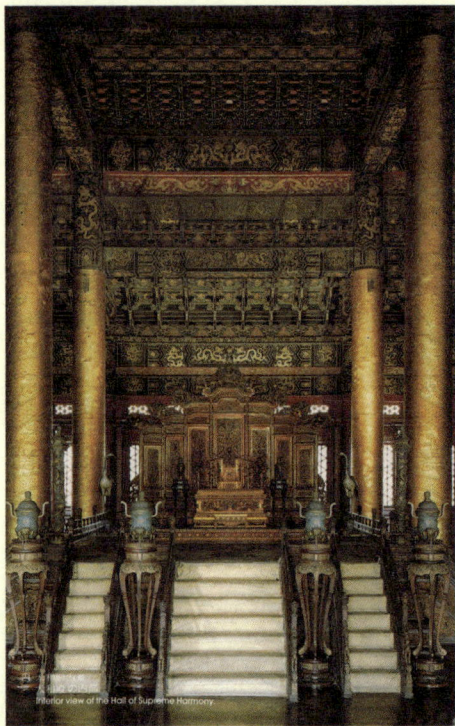

第九节

清代宫廷家具

清·宫廷家具 紫禁城太和殿

九、清代宫廷家具：左图是一组深深镌刻着皇权威严的宫廷家具。金漆木雕台座，三面有阶，周围栏杆，台上设雕龙屏风，屏前设宝座，左右设香筒，陛下前陈设四香几、几上置香炉……卓而不凡的木雕显示着雍容华贵。这套陈设笼罩着深不可测的皇权光环，它承载的传统文化远远超出家具本身的价值，我们应始终怀着敬畏之心去研究探讨它。

　　左图是一组深深镌刻着皇权威严的宫廷家具。金漆木雕台座，三面有阶，周围栏杆，台上设雕龙屏风，屏前设宝座，左右设香筒，陛下前陈设四香几，几上置香炉……卓而不凡的木雕显示着雍容华贵。这套陈设笼罩着深不可测的皇权光环，但它承载的传统文化远远超出家具本身的价值，我们应始终怀着敬畏之心去研究探讨它。

第十节

近代厅堂家具

近代·厅堂家具

厅堂家具陈设立图

厅堂家具陈设平图

十、近代厅堂家具：中国人正襟危坐的礼仪催生了厅堂家具，规范着家庭秩序。正堂左为主座，右为宾座，八仙桌上置茶具，条几上放台屏之类，两侧花几上置花瓶，正厅后墙平时悬山水画及对联，年节则挂神主，昭示敬祖宗之美德……厅堂家具工艺精湛，用料考究，典雅庄重，不仅为待客之用，更为气度彰显，是礼仪文化在家庭当中的物化。

中国人正襟危坐的礼仪催生了厅堂家具，规范着家庭秩序。正堂左为主座，右为宾座，八仙桌上置茶具，条几上放台屏之类，两侧花几上置花瓶，正厅后墙平时悬山水画及对联，年节则挂神主，昭示着敬祖宗之美德……厅堂家具工艺精湛，用料考究，典雅庄重，不仅为待客之用，更为气度彰显，是礼仪文化在家庭当中的物化。

第十一节

行业家具

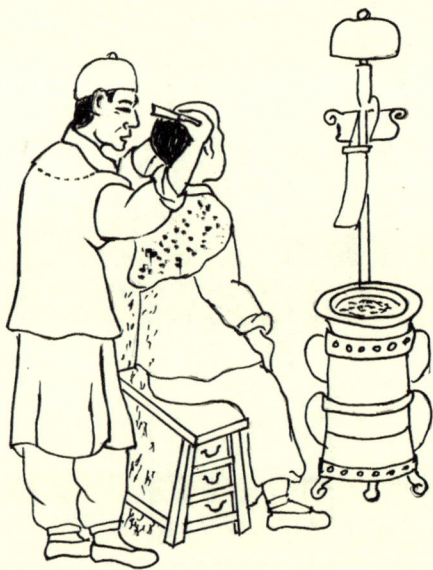

行业家具·三百六十行

十一、行业家具：俗称社会上有三百六十行，由于专业的需要，形成了特殊的行业家具，以剃头匠为例，担一副剃头挑子走街串巷，一头是柜式坐凳，下置抽屉，内放刀剪等工具，另一头是桶式洗脸盆架，桶内盛热水，桶上竖杆，杆上挂方斗，放入肥皂，杆中挂一块刮刀布，杆顶放帽子……这一副剃头挑子可以完成剃头、刮脸、洗头等全部过程，是行业家具的典型代表。

俗称社会上有三百六十行，由于专业的需要形成了特殊的行业家具，以剃头匠为例，担一副剃头挑子走街窜巷，一头是柜式坐凳，下置抽屉，内放刀剪等工具，另一头是桶式洗脸盆架，桶内盛热水，桶上竖杆，杆上挂方斗，放入肥皂，杆中挂一块刮刀布，杆顶放帽子……这一幅剃头挑子可以完成剃头、刮脸、洗头等全部过程，是行业家具的典型代表。

|第十二节|

座右铭家具

医药界座右铭家具

座右铭家具的代表作·阳谷木雕

文教界座右铭家具

十二、座右铭家具：阳谷木雕寓文化于家具，涵教育于刀工，首创座右铭家具，填补家具史的空白。政法界座右铭家具雕包公像、"一身正气，两袖清风"联、独角兽等政法图案；医药界座右铭家具，雕华佗像，"从容施药，厚扑行医"联、草药图案；文教界座右铭家具雕孔子像，"教桃李报国，育英才兴邦"联及汉纹图案……以激励各界人士尽职尽责。座右铭家具一九九五年获国家专利。

　　阳谷木雕寓文化于家具，涵教育于刀工，首创座右铭家具，填补家具史的空白。政法界座右铭家具雕包公像、"一身正气，两袖清风"对联、独角兽等政法图案；医药界座右铭家具雕华佗像、"从容施药，厚扑行医"对联、草药图案；文教界座右铭家具雕孔子像、"教桃李报国，育英才兴邦"对联及汉纹图案……以激励各界人士尽职尽责。座右铭家具于 1995 年获国家专利。

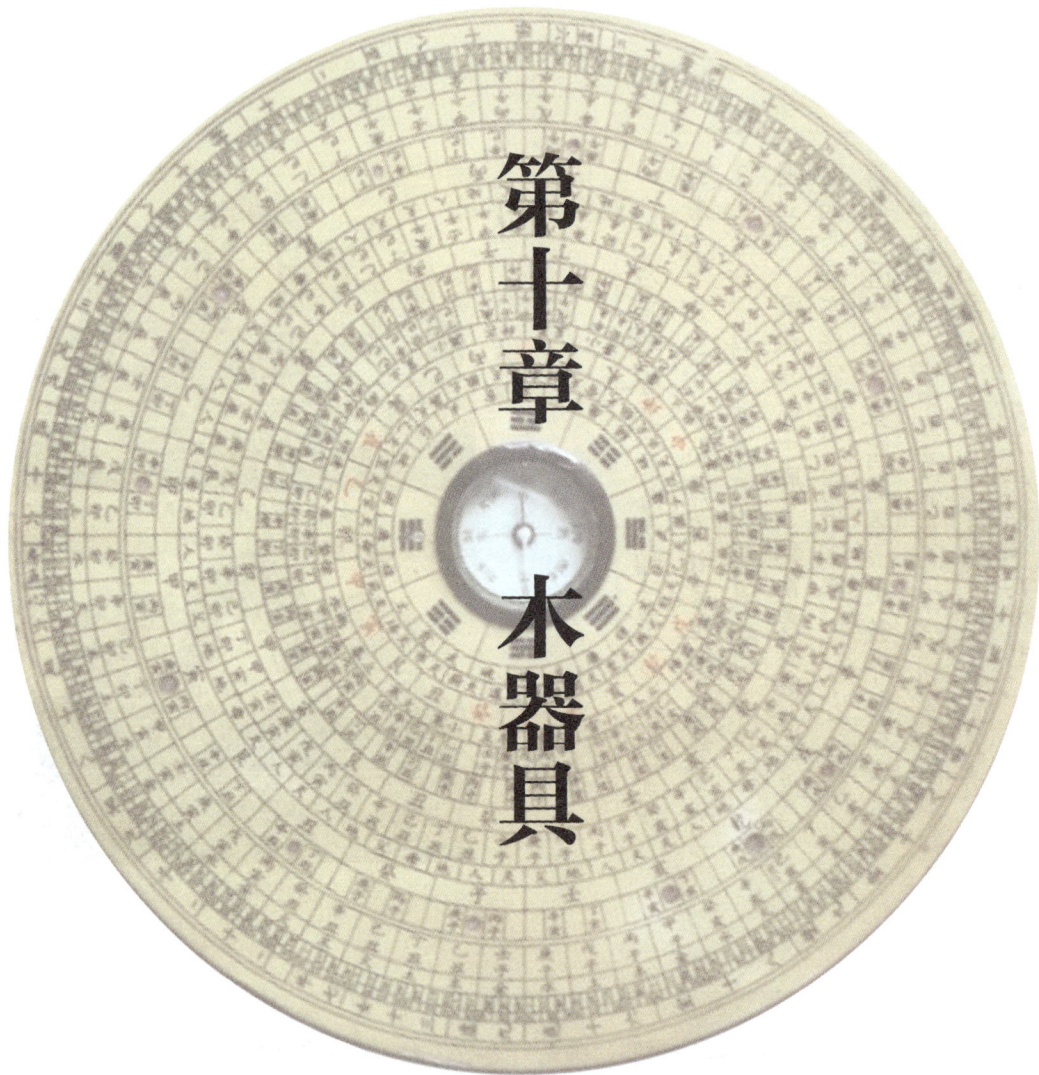

第十章 木器具

第一节

木 轿

木轿

第十章·木器具

一、木轿

皇宫娘娘坐的叫凤辇，普通官员坐的叫官轿，民间喜事用的叫花轿。花轿是中式婚礼使用的特殊用具，花轿选材要求既轻巧又有韧性，一般选用香樟、梓木、银杏等木材，雕刻多采用喜上眉梢、金龙彩凤、麒麟送子等喜庆题材，浮雕、透雕、贴金、涂银、朱漆、彩绘等诸多工艺技法并用，精美华丽、光亮夺目，以烘托婚礼喜庆热闹的气氛。

皇宫娘娘坐的叫凤辇，普通官员坐的叫官轿，民间喜事用的叫花轿。花轿是中式婚礼使用的特殊用具，花轿选材要求既轻巧又有韧性，一般选用香樟、梓木、银杏等木材，雕刻多采用喜上眉梢、金龙彩凤、麒麟送子等喜庆题材，浮雕、透雕、贴金、涂银、朱漆、彩绘等诸多工艺技法并用，精美华丽、光亮夺目，以烘托婚礼喜庆热闹的气氛。

| 第二节 |

水 车

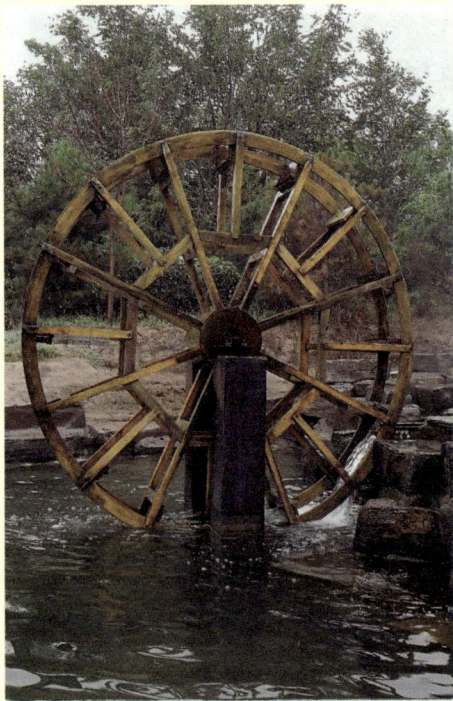

水车

二、水车

水车又称孔明车，是最古老的农业木制灌溉工具，经三国孔明改造后，广泛应用于江河流域的农田灌溉。其方法是先筑个堤坝阻挡水流，使水绕过水车下部，冲击水车木轮旋转，使水进入木筒内，这样一筒筒的水便会倒进引水槽，然后导流进入田里，水车昼夜不息的引水，大大提高了农田灌溉效率。

　　水车又称孔明车，是最古老的农业木制灌溉工具，经三国孔明改造后，广泛应用于江河流域的农田灌溉。其方法是先筑个堤坝阻挡水流，使水绕过水车下部，冲击水车木轮旋转，使水进入木筒内，这样一筒筒的水便会倒进引水槽，然后导流进入田里，水车昼夜不息的引水，大大提高了农田灌溉效率。

第三节

木耧

木耧

三、木耧 古代播种机，西汉赵过发明，已有两千多年历史。由耧架、耧斗、耧腿、耧铲等构件，用斜榫斜卯精密组合而成。可播大麦、小麦、大豆、高粱等。耧下有开沟器，播种时，用人力或畜力拉耧，在犁耙好的土地上开沟播种，耧脚后的拖木同时覆盖，一举数得，效率可达日播一顷。当代铁耧常被牲口拉坏，古制木耧寿命大都达到百年以上，可见榫卯结构之严谨。

木耧是古代播种机，西汉赵过发明，已有两千多年历史。它由耧架、耧斗、耧腿、耧铲等构件用斜榫斜卯精密组合而成，可播大麦、小麦、大豆、高粱等。耧下有开沟器，播种时，用人力或畜力拉耧，在犁耙好的土地上开沟播种，耧脚后的拖木同时覆盖，一举数得，效率可达日播一顷。当代铁耧常被牲口拉坏，古制木耧寿命大都达到百年以上，可见榫卯结构之严谨。

纺　车

纺车

四、纺车　中国古代纺纱工具，分为手摇纺车、脚踏纺车、水转大纺车等，种类虽多，但其结构均为木制。这里着重介绍手摇纺车，据推测约出现在春秋时期，主要构件有框架、绳轮、手柄和锭子，常见的锭子在左，绳轮、手柄和锭子，常见的锭子在左，绳轮和手柄在右，中间绳弦连接带动锭子转动，完成加捻、牵引、纺纱工作。适合一家一户的农村副业之用，故一直流传至今。

纺车是中国古代纺纱工具，分为手摇纺车、脚踏纺车、水转大纺车等，种类虽多，但其结构均为木制。这里着重介绍手摇纺车，据推测约出现在春秋时期，主要构件有框架、绳轮、手柄和锭子，常见的锭子在左，绳轮和手柄在右，中间绳弦连接带动锭子转动，完成加捻、牵引、纺纱工作。适合一家一户的农村副业之用，故一直流传至今。

| 第五节 |

风 箱

风箱

五、风箱 是古代的活塞式木制鼓风器，记载始见于明代宋应星的《天工开物》并沿用至今。风箱两端各设一个进风口，口上设有活舌，箱内一侧设有风道，风道两侧各设一个出风口，口上亦置活舌，通过伸出箱外的拉杆，驱动活塞往复运动，促使活舌一启一闭，以达到鼓风目的。大型风箱用于冶金熔炼，小型风箱用于家庭做饭。

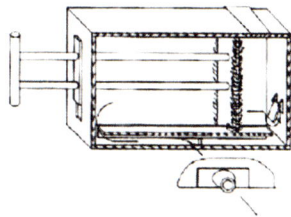

活塞风箱的结构
张柏春，张治中，冯立昇，钱小康，李专慧，雷恩，中国传统工艺全集·传统机械调查研究，大象出版社，2006年，182

　　风箱是古代的活塞式木制鼓风器，记载始见于明代宋应星的《天工开物》，并沿用至今。风箱两端各设一个进风口，口上设有活舌，箱内一侧设有风道，风道两侧各设一个出风口，口上亦置活舌，通过伸出箱外的拉杆，驱动活塞往复运动，促使活舌一启一闭，以达到鼓风目的。大型风箱用于冶金熔炼，小型风箱用于家庭做饭。

| 第六节 |

木 桶

木桶

酒桶　　　　　　水桶

浴盆

六、木桶 用木材加工而成的容器，广泛应用于人类的日常生活当中，按用途分为许多种类：盛水的桶一般用轻质杉木加工而成；盛葡萄酒的桶需选用二十年以上的橡木为原料，达到密封、保质的效果；在卫浴行业，主要用于泡澡，多选用四川地区的香柏木制作，可保持水温缓慢下降……

　　木桶是用木材加工而成的容器，广泛应用于人类的日常生活当中，按用途分为许多种类：盛水的桶一般用轻质杉木加工而成；盛葡萄酒的桶需选用二十年以上的橡木为原料，达到密封、保质的效果；在卫浴行业，主要用于泡澡，多选用四川地区的香柏木制作，可保持水温缓慢下降……

| 第七节 |

食 盒

食盒

七、食盒 古代盛装食物或其他礼物用的木结构器具，历史悠久、款式繁多。酒肆饭店、富贵人家、文人雅士常用。士绅名流、踏青郊游、走亲访友、社交聚会等用食盒盛放食品、酒菜、礼物。有二人抬的大型食盒，有肩挑的中型食盒，有手提的小型食盒，工艺精湛、美观实用，是饮食文化的一种体现。

食盒是古代盛装食物或其他礼物用的木结构器具，历史悠久、款式繁多。酒肆饭店、富贵人家、文人雅士常用。士绅名流、踏青郊游、走亲访友、社交聚会等用食盒盛放食品、酒菜、礼物。有二人抬的大型食盒，有肩挑的中型食盒，有手提的小型食盒，工艺精湛、美观实用，是饮食文化的一种体现。

| 第八节 |

棺 椁

棺椁

八、棺椁 棺即棺材，装殓尸体的器具，椁是套在棺材外的外棺。棺椁均为木制，帝王多用楠木制棺，大臣贵族多用红木，富豪商贾多用柏木、柚木等中等木材，庶民百姓由于经济限制只用棺，木材多选用杨木、柳木等普通木材。生老病死乃自然规律，入土为安，故棺材亦称喜棺，现多被木制骨灰盒取代。

　　棺即棺材，装殓尸体的器具，椁是套在棺材外的外棺。棺椁均为木制，帝王多用楠木制棺，大臣贵族多用红木，富豪商贾多用柏木、柚木等中等木材，庶民百姓由于经济限制只用棺，木材多选用杨木、柳木等普通木材。生老病死乃自然规律，入土为安，故棺材亦称喜棺，现多被木制骨灰盒取代。

| 第九节 |

文　具

文具

九、文具　这里主要介绍文案用具：笔筒为筒状盛笔器皿，明代宋彝尊《笔筒铭》："笔之在案，或侧或颇，犹人之无仪，筒以束之，如客得家"；笔架是文房常用器具之一，书画家在构思或暂息时籍以置笔，以免毛笔转动污损它物；镇尺亦称镇纸，文人写字作画时用来压纸……文具多用名贵木材制作，有素面、雕花两种，彰显着文人的喜爱。

　　这里主要介绍文案用具：笔筒为筒状盛笔器皿，明代朱彝尊《笔筒铭》："笔之在案，或侧或颇、犹人之无仪，筒以束之，如客得家"；笔架是文房常用器具之一，书画家在构思或暂息时籍以置笔，以免毛笔转动污损它物；镇尺亦称镇纸，文人写字作画时用来压纸……文具多用名贵木材制作，有素面、雕花两种，彰显着文人的喜爱。

| 第十节 |

木罗盘

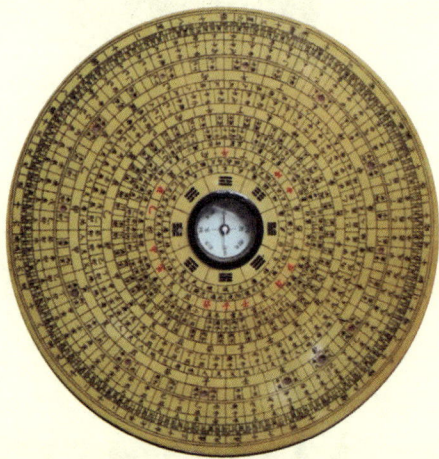

木罗盘

十、木罗盘：是最早的导航仪，包罗万象，经纬天地，故又称罗经，创自黄帝，后经历代先贤按河洛之数，易经哲理，参照日月星辰的运行规律，加以改良而成。罗盘以指南针为核心，分别篆刻四方、五行、八卦、九宫、十天干、十二地支、二十四节气、二十八宿等，全面揭示天地人相互关系，广泛应用于航海、航天、军事、出行、堪舆等诸多领域，是察天堪地的万灵仪盘。

　　木罗盘是最早的导航仪，包罗万象，经纬天地，故又称罗经，创自黄帝，后经历代先贤，按河洛之数，易经哲理，参照日月星辰的运行规律，加以改良而成。罗盘以指南针为核心，分别篆刻四方、五行、八卦、九宫、十天干、十二地支、二十四节气、二十八宿等，全面揭示天地人相互关系，广泛应用于航海、航天、军事、出行、堪舆等诸多领域，是察天堪地的万灵仪盘。

|第十一节|

木兵器

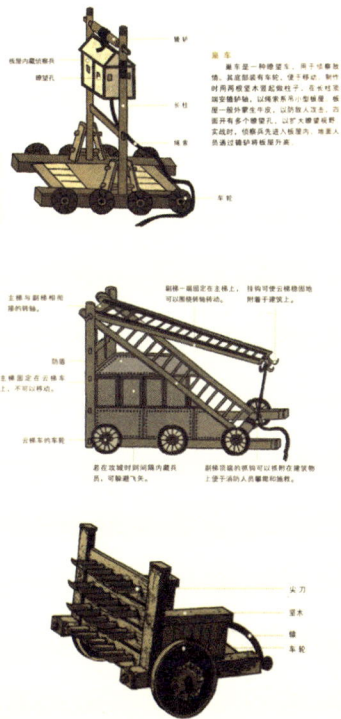

木兵器

十一、木兵器 古代军事用途的木器具众多，用于侦察敌情的巢车，通过辘轳将内藏瞭望兵的木屋升高，观察敌情；攻城利器尖头木驴，外绷生牛皮，上尖下方，缓冲城上抛下的矢石，保护棚内的士兵靠近城下；攻城的云梯隔间内的绞车，可拉升副梯，达到很高的城墙；刀车是守城军事装备之一，车前部装有许多钢刀，一旦城门失守，急速推刀车塞门，有效阻止敌人入城。此外还有攻城锤、弓、弩等木制兵器，广泛应用于古战场。

古代军事用途的木器具众多，用于侦察敌情的巢车，通过辘轳将内藏瞭望兵的木屋升高，观察敌情；攻城利器尖头木驴，外绷生牛皮，上尖下方，缓冲城上抛下的矢石，保护棚内的士兵靠近城下；攻城的云梯隔间内的绞车，可拉升副梯，达到很高的城墙；刀车是守城军事装备之一，车前部装有许多钢刀，一旦城门失守，急速推刀车塞门，有效阻止敌人入城，此外还有攻城锤、弓、弩等木制兵器，广泛应用于古战场。

|第十二节|

木杆秤

木杆秤

称名贵中药和贵金属的**戥子**

民间通用的**小称**

称重物的**大称**

十二、木杆秤：秦始皇统一度量衡，木杆秤作为法定的衡器，有一套严格的制作工艺。首先精选纹理通直、细腻坚硬的名贵木材加工成称杆，两端套上铜皮，再用精制的戥子打眼，把铜丝镶入眼中，折断锉平磨光，留下一个个星点。称物时用称钩钩住物件，移动称铊，平衡时称铊绳所在的星号，就是称物之重量。秤有大秤、小秤、戥子之分，现在民间仍然通用。

　　秦始皇统一度量衡，木杆称作为法定的衡器，有一套严格的制作工艺，首先精选纹理通直、细腻坚硬的名贵木材加工成称杆，两端套上铜皮，再用精制的戥子打眼，把铜丝镶入眼中，折断锉平磨光，留下一个个星点，称物时用称钩钩住物件，移动称铊，平衡时称铊绳所在的星号，就是称物之重量。称有大称、小称、戥子之分，现在民间仍然通用。

|第十三节|

木模型

燕塔模型

十三、木模型：一是指铸造用的模具，木模工不同于建筑木工、家具木工、雕刻木工等，木模工应知晓木材学、金属学、铸造学等综合知识，按照图纸用木材加工出形态、尺寸和精度都符合要求的木模型，再浇铸成铸件。二是指建筑小样，重要建筑首先要按照图纸比例做出模型，以作施工依据。右图是按百分之一比例制作的燕塔模型。塔有宗教、纪念、观光等综合功能，是服务于精神文明的艺术建筑。

一是指铸造用的模具，木模工不同于建筑木工、家具木工、雕刻木工等，木模工应知晓木材学、金属学、铸造学等综合知识，按照图纸用木材加工出形态、尺寸和精度都符合要求的木模型，翻砂造型再浇铸成铸件。二是指建筑小样，重要建筑首先要按照图纸比例做出模型，以作施工依据。右图是按百分之一比例制作的燕塔模型。塔有宗教、纪念、观光等综合功能，是服务于精神文明的艺术建筑。

|第十四节|

木棋类

围棋

木棋类

军棋

象棋

斗兽棋

芭、木棋类：围棋是策略性两人棋艺，属于琴棋书画四艺之一，传为帝尧所作，现已流传日韩欧美等地；象棋是二人对抗游戏，用具简单，趣味性强，广泛流行于华人世界；军棋是老少皆宜的军事游戏，有两种下法：一是明棋，二是暗棋；斗兽棋是少儿喜爱的棋艺，象、狮、虎、豹、狼、狗、猫、鼠，循环制约，富含哲理。各种棋类大都是用良木雕刻而成，传播着木文化的益智能量。

围棋是策略性两人棋艺，属于琴棋书画四艺之一，传为帝尧所作，现已流传日韩欧美等地；象棋是二人对抗游戏，用具简单，趣味性强，广泛流行于华人世界；军棋是老少皆宜的军事游戏，有二种下法：一是明棋，二是暗棋；斗兽棋是少儿喜爱的棋艺，象、狮、虎、豹、狼、狗、猫、鼠，循环制约，富含哲理。各种棋类大都是用良木雕刻而成，传播着木文化的益智能量。

|第十五节|

木 旋

木旋

郯城木旋玩具

十五、木旋：木旋是一种传统的旋削工艺，已有三千多年的历史。传统木旋床主要由木材制作，用于车削玩具、乐器、农具、工具把柄、食品用具及工艺品等。由老一辈艺人一代代传承下来，子子孙孙在其前辈的言传身教中，不断的改进木旋设备，丰富和发展木旋的品类，作品富有浓郁的乡土气息，又有时尚的活泼韵味。郯城木旋经国务院批准列入第四批国家级非物质文化遗产名录。

木旋是一种传统的旋削工艺，已有三千多年的历史。传统木旋床主要由木材制作，用于车削玩具、乐器、农具、工具把柄、食品用具及工艺品等。由老一辈艺人一代代传承下来，子子孙孙在其前辈的言传身教中，不断地改进木旋设备，丰富和发展木旋的品类，作品富有浓郁的乡土气息，又有时尚的活泼韵味。郯城木旋经国务院批准列入第四批国家级非物质文化遗产名录。

|第十六节|

欹 器

绿檀欹器墨池笔架·阳谷木雕

十六、欹器：古代盛水的器皿，「荀子·宥坐」记载了孔子在鲁桓公庙里现场教学的场景，孔子让学生往欹器里注水，加水恰到好处时它便端正，把水加满就倾覆，无水则歪斜。孔子用「中则正、空则斜、满则覆」的哲理，教育学生既要充实又不能自满。欹器用金属或木材制成，左图是用绿檀雕刻的欹器，上翘头悬挂毛笔，荷叶底座可盛墨，为欹器增添了实用价值。

　　欹器是古代盛水的器皿，《荀子·宥坐》记载了孔子在鲁桓公庙里现场教学的场景，孔子让学生往欹器里注水，加水恰到好处时它便端正，把水加满就倾覆，无水则歪斜。孔子用"中则正、空则斜、满则覆"的哲理，教育学生既要充实又不能自满。欹器用金属或木材制成，左图是用绿檀雕刻的欹器，上翘头悬挂毛笔，荷叶底座可盛墨，为欹器增添了实用价值。

|第十七节|

面食模

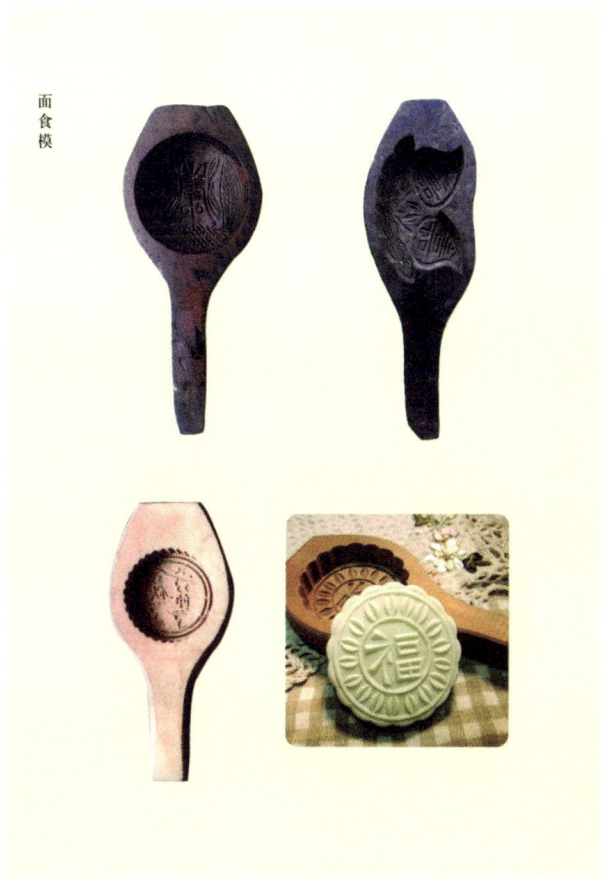
面食模

十七、面食模：人们很久以前就把饮食文化和木雕艺术结合起来了，中秋节用的木雕月饼模的图案有：奔月图、月桂图、花好月圆图等。每逢喜事做喜馒头，木雕馒头模的图案有：双喜图、鸳鸯图、莲生贵子图等。老人寿诞做寿糕，木雕寿糕模的图案有：寿星图、仙鹤图、福寿图等。日常吃的饼类，饼模图案有：福、禄、寿、喜等寓意吉祥的图案，昭示着人们对美好生活的向往。

人们很久以前就把饮食文化和木雕艺术结合起来了，中秋节用的木雕月饼模的图案有：奔月图、月桂图、花好月圆图等。每逢喜事做喜馒头，木雕馒头模的图案有：双喜图、鸳鸯图、莲生贵子图等。老人寿诞做寿糕，木雕寿糕模的图案有：寿星图、仙鹤图、福寿图等。日常吃的饼类，饼模图案有：福、禄、寿、喜等寓意吉祥的图案，昭示着人们对美好生活的向往。

|第十八节|

木餐具

木餐具

十八、木餐具：木餐具是中国发明的非常具有民族特色的进食工具，筷子、勺、碗、盆、钵、铲等，全部使用绿色环保、木质细腻的天然实木制作，精美别致，非常实用。以筷子为例，两根细棍有夹、挑、拌、搅、扎、分、截、捅、引、划、刮、隔等十几种功能。再说食品托盘，除了常规的圆形、方形外，还有心形、船形、鱼形、葫芦形等多种吉祥形状。各种木制餐具是中华民族饮食文化的重要载体。

　　木餐具是中国发明的非常具有民族特色的进食工具，筷子、勺、碗、盆、钵、铲等，全部使用绿色环保、木质细腻的天然实木制作，精美别致，非常实用。以筷子为例，两根细棍有夹、挑、拌、搅、扎、分、截、捅、引、划、刮、隔等十几种功能。再说食品托盘，除了常规的圆形、方形外，还有心形、船形、鱼形、葫芦形等多种吉祥形状。各种木制餐具是中华民族饮食文化的重要载体。

|第十九节|

木工具

木工具

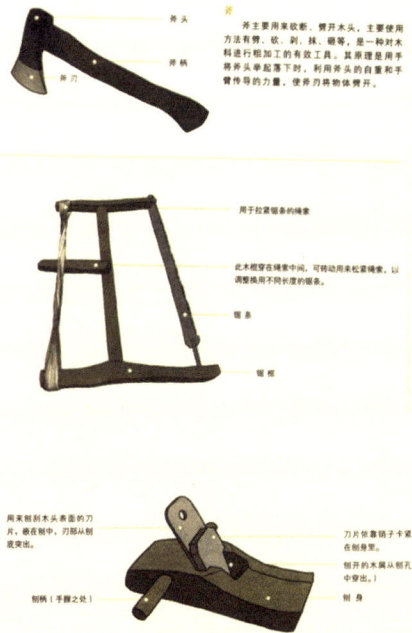

十九、木工具：古代有许多简便实用的木工工具，用木和铁制作，按加工的程序和不同的功能来区分：大锯主要用于把原木锯解成木板，由两人推拉操作；小锯用于加工榫头等细活，由一人操作；锛用于砍劈木材，顺木纹的纹理而用力；斧的作用与锛类似，用于木材的进一步加工；凿用于打卯挖槽；刨用于木材的后期加工，使制作的木器更加平整、光滑、美观。另外还有墨斗、尺子、钻等工具，至今仍在使用。

古代有许多简便实用的木工工具，用木和铁制作，按加工的程序和不同的功能来区分：大锯主要用于把圆木锯解成木板，由两人推拉操作；小锯用于加工榫头等细活，由一人操作；锛用于砍劈木材，顺木纹的纹理而用力；斧的作用与锛类似，用于木材的进一步加工；凿用于打卯挖槽；刨用于木材的后期加工，使制作的木器更加平整、光滑、美观。另外还有墨斗、尺子、钻等工具，至今仍在使用。

|第二十节|

鲁班锁

鲁班锁

鲁班锁六根解法图

该玩具拆时容易装时难。图中号码代表安装的先后顺序。难易程度：较易

图1

图2

装配图：

5、6的装法留给您自己思考相信您一定能完成祝您成功！

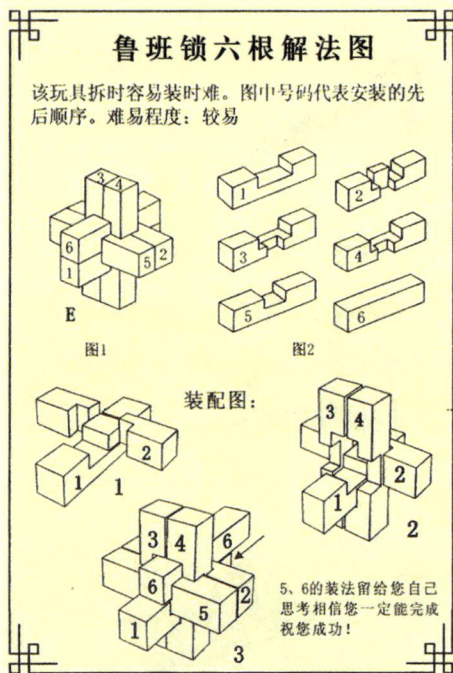

二十、鲁班锁：相传为鲁班所发明，故称鲁班锁。二〇一四年十月十日，中国总理李克强在柏林赠给德国总理默克尔鲁班锁，喻示中德共解难题，开启未来。鲁班锁流传广泛，它对放松身心、开发大脑、灵活手指均有好处。鲁班锁用六根木条制作，看上去简单，其实内中奥妙无穷，不得要领很难拆解，它是中国榫卯结构的典范，是精益求精工匠精神的结晶，代表着中国木文化的益智水平。

　　鲁班锁相传为鲁班所发明，故称鲁班锁。2014年4月10日，中国总理李克强在柏林，赠给德国总理默克尔鲁班锁，喻示中德共解难题，开启未来。鲁班锁流传广泛，它对放松身心，开发大脑，灵活手指均有好处。鲁班锁用六根木条制作，看上去简单，其实内中奥妙无穷，不得要领很难拆解，它是中国榫卯结构的典范，是精益求精工匠精神的结晶，代表着中国木文化的益智水平。

|第二十一节|

绕线板

古代绕线板

二十一、绕线板：古代仕女做针线活用的器具。一般先由画师根据仕女的要求设计样稿：鸳鸯、花卉、莲鱼、喜梅等简洁喜庆的吉祥图案，寄托着仕女对美好生活的向往，确定样稿后，请雕花匠选用梨木、黄杨木、银杏木、香樟木、金丝楠木等名贵木材精工雕刻，打磨抛光成形后，饰彩上腊。线板既是绕线器具，又是仕女把玩欣赏的艺术品。现已淡出女工的视野，却成了收藏界的新宠。

　　绕线板是古代仕女做针线活用的器具。一般先由画师根据仕女的要求设计样稿：如鸳鸯、花卉、莲鱼、喜梅等简洁喜庆的吉祥图案，寄托着仕女对美好生活的向往；确定样稿后，请雕花匠选用梨木、黄杨木、银杏木、香樟木、金丝楠木等名贵木材精工雕刻，打磨抛光成形后，饰彩上腊。线板即是绕线器具，又是仕女把玩欣赏的艺术品。现已淡出女工的视野，却成了收藏界的新宠。

|第二十二节|

木制首饰盒

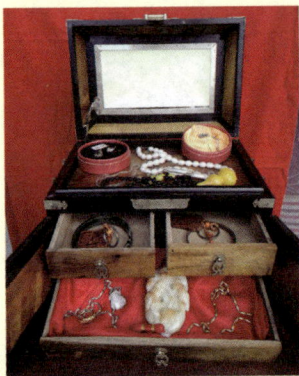

木制手饰盒

二十二、木制首饰盒：首饰是女士装饰打扮自己的宝贝，戴上合适的首饰会大大提升女士靓丽指数，保存收藏首饰的盒子是上层女性的共同爱好。古代宫廷后妃重金聘请高手设计，造办处的大师们精选楠木、檀木、红木等珍贵名木，细心雕琢、巧妙组合，创作出一批精美绝伦的传世首饰盒。原作现大都藏于故宫博物院。当代艺人复制量化制作的宫廷首饰盒，成为时尚女性的新宠。

　　首饰是女士装饰打扮自己的宝贝，戴上合适的手饰会大大提升女士靓丽指数，保存收藏手饰的盒子是上层女性的共同爱好。古代宫廷后妃重金聘请高手设计，造办处的大师们精选楠木、檀木、红木等珍贵名木，细心雕琢、巧妙结合，创作出一批精美绝伦的传世手饰盒，原作现大都藏于故宫博物院，当代艺人复制量化制作的宫廷首饰盒，成为时尚女性的新宠。

第十一章　木版画

木版画是以印花布、书画谱、宗教宣传画等为题材的大众文化艺术品。新疆博物馆珍藏东汉时期蓝印花布纹样证明，中国版画已有二千多年的历史，造纸术、印刷术发明后的唐、宋时期，中国版画已成熟，明、清版画登上艺术高峰，影响了欧洲和日本近代版画。由鲁迅先生倡导和扶植的新木刻版画与时俱进，成为服务人民的独立画种。

| 第一节 |

鲁迅倡导木刻版画

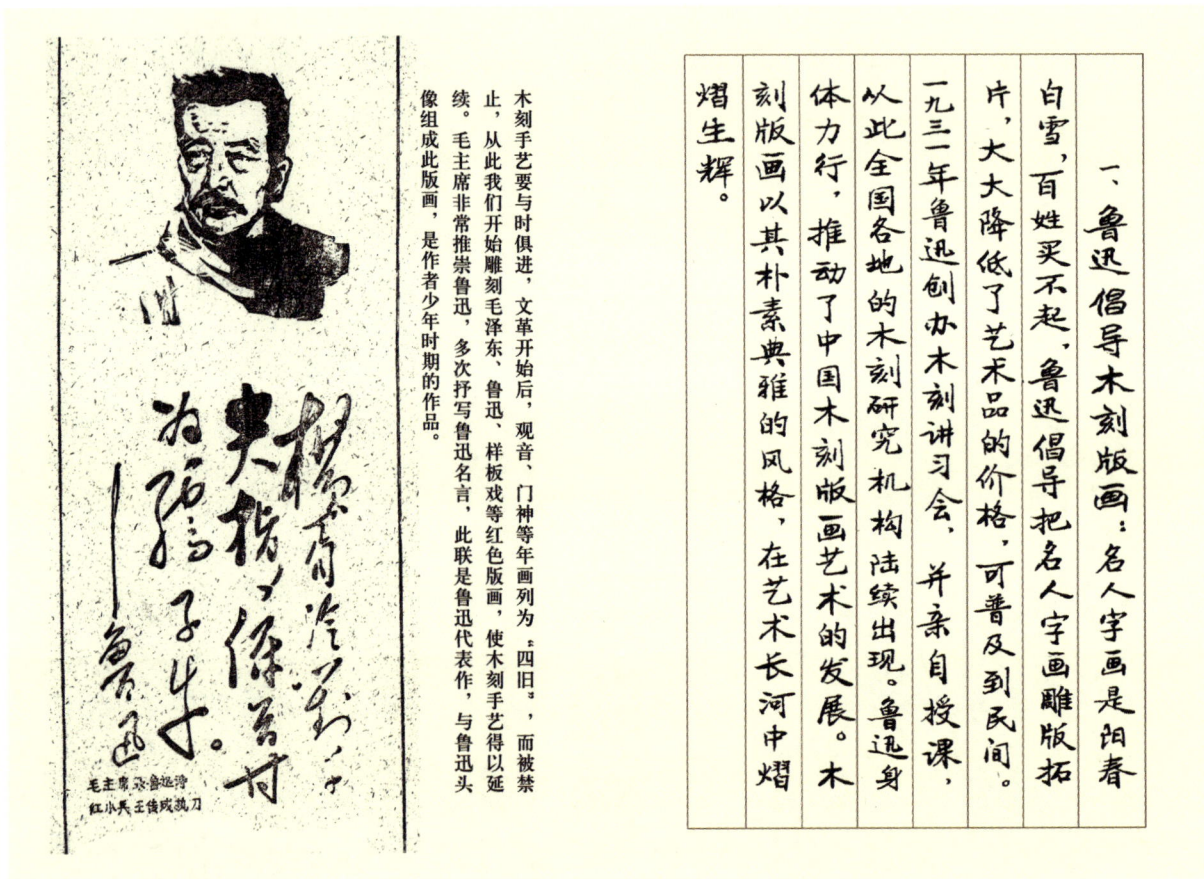

毛主席赞鲁迅诗
红小兵王佳成凯刀

木刻手艺要与时俱进，文革开始后，观音、门神等年画列为"四旧"，而被禁止，从此我们开始雕刻毛泽东、鲁迅、样板戏等红色版画，使木刻手艺得以延续。毛主席非常推崇鲁迅，多次抒写鲁迅名言，此联是鲁迅代表作，与鲁迅头像组成此版画，是作者少年时期的作品。

一、鲁迅倡导木刻版画：名人字画是阳春白雪，百姓买不起，鲁迅倡导把名人字画雕版拓片，大大降低了艺术品的价格，可普及到民间。一九三一年鲁迅创办木刻讲习会，并亲自授课，从此全国各地的木刻研究机构陆续出现。鲁迅身体力行，推动了中国木刻版画艺术的发展。木刻版画以其朴素典雅的风格，在艺术长河中熠熠生辉。

名人字画是阳春白雪，百姓买不起，鲁迅倡导把名人字画雕版拓片，大大降低了艺术品的价格，可普及到民间。1931 年鲁迅创办木刻讲习会，并亲自授课，从此全国各地的木刻研究机构陆续出现。鲁迅身体力行，推动了中国木刻版画艺术的发展。木刻版画以其朴素典雅的风格，在艺术长河中熠熠生辉。

| 第二节 |

抗日版画

抗日版画

二、抗日版画：从它诞生那天起，便和中华民族的解放事业密切相关，与广大人民群众的命运血肉相连，版画家是以艺术家和革命战士的双重身份出现在历史舞台上，毫不含糊地以艺术作为战斗武器，在思想教育战线上发挥了巨大的作用，抗日版画是在人民大众抗战生涯中成长和壮大的，是以后版画发展的灯塔。

抗日版画从它诞生那天起，便和中华民族的解放事业密切相关，与广大人民群众的命运血肉相连，版画家是以艺术家和革命战士的双重身份出现在历史舞台上，毫不含糊地以艺术作为战斗武器，在思想教育战线上发挥了巨大的作用，抗日版画是在人民大众抗战生涯中成长和壮大的，是以后版画发展的灯塔。

| 第三节 |

木版水印

木版水印·荣宝斋复制的韩熙载夜宴图局部

三、木版水印：古代彩色印刷术。它集绘画、雕刻和印刷为一体，根据水墨渗透原理显示笔触墨韵，既可创作体现自身特点的艺术作品，也可逼真地复制各类中国名人字画。制作工艺非常复杂，像「韩熙载夜宴图」这样一幅水印画，需一千六百六十七块木版，用长达八年之久的时间，仅仅印制了三十幅，复制逼真。让名家名作走进千家万户是木版水印的历史贡献。

　　木版水印是古代彩色印刷术。它集绘画、雕刻和印刷为一体，根据水墨渗透原理显示笔触墨韵，既可创作体现自身特点的艺术作品，也可逼真地复制各类中国名人字画。制作工艺非常复杂，像《韩熙载夜宴图》这样一幅水印画，需一千六百六十七块木版，用长达八年之久的时间，仅仅印制了三十幅，复制逼真。让名家名作走进千家万户是木版水印的历史贡献。

第四节

文革版画

版画·雷锋·古元

四、文革版画：不仅指一九六六年至一九七六年间所产生的版画作品。它还包括了「文革」之前与「文革」之后这种风格版画的传承与延续。「文革版画」作品浓缩了那个时代艺术的激情、理想和愿望，记述了版画创作者在那段特殊的岁月中对中国社会理想、历史人生与视觉艺术的理解。「文革版画」在那个极不适应艺术发展的年代却形成了独特的文化特征和艺术风貌。

　　文革版画不仅指 1966 年至 1976 年间所产生的版画作品，它还包括了"文革"之前与"文革"之后这种风格版画的传承与延续。"文革版画"作品浓缩了那个时代艺术的激情、理想和愿望，记述了版画创作者在那段特殊的岁月中对中国社会理想、历史人生与视觉艺术的理解。"文革版画"在那个极不适应艺术发展的年代却形成了独特的文化特征和艺术风貌。

| 第五节 |

套色版画

套色版画·山乡春早 李平凡 一九七四年

五、套色版画：首先根据画稿进行分版，有几种颜色就刻几块版，一版一版的套印完成，色彩瑰丽多姿而引人喜爱。我国的套色版画具有明快、清新、淡雅、抒情的特点，色泽光鲜，富有韵味的情趣，在技法上独树一帜，水性染料印在吸水性能良好的纸上，产生出干湿、浓淡、虚实的美学效果，水韵、墨彩交融变化、情趣盎然，形成了鲜明的东方民族特色。

　　套色版画首先根据画稿进行分版，有几种颜色就刻几块版，一版一版的套印完成，色彩瑰丽多姿而引人喜爱。我国的套色版画具有明快、清新、淡雅、抒情的特点，色泽光鲜，富有韵味的情趣，在技法上独树一帜，水性染料印在吸水性能良好的纸上，产生出干湿、浓淡、虚实的美学效果，水韵、墨彩交融变化、情趣盎然，形成了鲜明的东方民族特色。

| 第六节 |

木刻线画

六、木刻线画：鲁迅先生说："中国木刻可借鉴外国的构图和技法，但更应注重中国传统的线画，使外国人一看便知这是中国人、中国事。老木刻画向来是画管画，刻管刻、印管印，由画家直接制作，毫不假手刻者，印者的画叫做原画"。此泰山版画是王传成创作的"多山、多水、多圣人"木刻版画之一，设计、绘画、刻版、拓片均为作者本家，木刻线画以朴素典雅风格屹立版画之林。

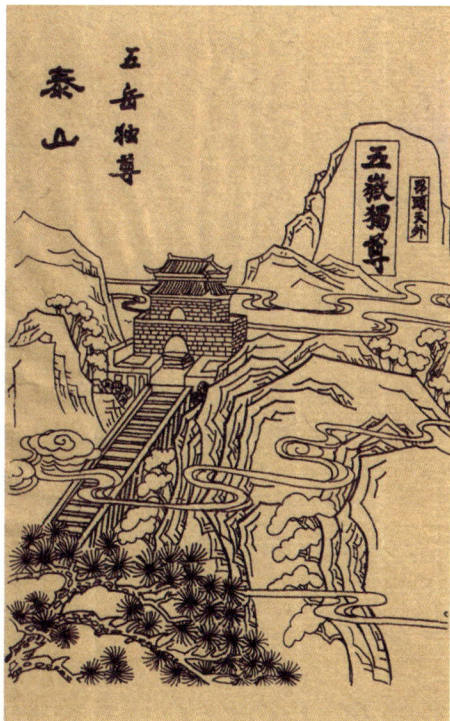

木刻线画·泰山　王传成　一九九九年

　　鲁迅先生说："中国木刻可借鉴外国的构图和技法，但更应注重中国传统的线画，使外国人一看便知这是中国人、中国事。老木刻画向来是画管画、刻管刻、印管印，由画家直接制作，毫不假手刻者、印者的画叫做原画。"此泰山版画是王传成创作的"多山、多水、多圣人"木刻版画之一，设计、绘画、刻版、拓片均为作者本家，木刻线画以朴素典雅风格屹立版画之林。

| 第七节 |

木版漆画

大型木版漆画·《武魂雄风》局部

七、木版漆画：

"武魂雄风"，是由山东壁画艺术研究院国家一级美术师孙景全秉承设计，与木雕大师王传成联袂创作的壁画新形式语言。设计之初曾考虑用木雕款式，但面积太大、阳谷气候干燥，有开裂之危险；若用彩绘，立体效果差。最后确定用金银、朱砂国画彩绘和深度木刻相结合，正视是质朴的巨幅国画，侧观则是凹凸分明有致的浮雕佳构，中国壁画学会的专家、教授称之为木版漆画，博得广大观者的一致好评。

　　木版漆画《武魂雄风》，是由山东壁画艺术研究院国家一级美术师孙景全秉承设计，与木雕大师王传成联袂创作的壁画新形式语言。设计之初曾考虑用木雕款式，但面积太大，阳谷气候干燥，有开裂之危险；若用彩绘，立体效果差；最后确定用金银、朱砂国画彩绘和深度木刻相结合。此画正视是质朴的巨幅国画，侧观则是凹凸分明有致的浮雕佳构，中国壁画学会的专家教授称之为木版漆画，博得广大观者的一致好评。

第十二章　木版年画

木版年画是用木刻版拓片而成的中国传统艺术画，早在汉代就有了门神雏形，唐代佛经版画发展，雕版技术成熟，宋代市民文化繁荣，清代中期鼎盛，木版年画的产地在中华大地上有数百处，风格争奇斗艳，题材包罗万象，年画是年的象征，但不仅是节日的装饰品，它所具有记录着木版年画的轨迹，的文化价值使之成为古代的百科全书。

| 第一节 |

河南朱仙镇木版年画

朱仙镇木版年画·门神

一、河南朱仙镇木版年画：作为中国木版年画的鼻祖，主要分布在河南开封、朱仙镇及其周边地区。朱仙镇木版年画构图饱满，线条粗犷简练，造型古朴夸张，色彩浑厚强烈，题材反映了人们希冀五谷丰登、六畜兴旺、和睦如意、平安吉祥等美好的生活愿望，以及扶正祛邪、爱憎分明的思想感情，对其他地区的木刻版画有广泛的影响。

　　河南朱仙镇木版年画作为中国木版年画的鼻祖，主要分布在河南开封朱仙镇及其周边地区。朱仙镇木版年画构图饱满，线条粗犷简练，造型古朴夸张，色彩浑厚强烈，题材反映了人们希冀五谷丰登、六畜兴旺、和睦如意、平安吉祥等美好的生活愿望，以及扶正祛邪、爱憎分明的思想感情，对其他地区的木刻版画有广泛的影响。

第二节

天津杨柳青木版年画

杨柳青木版年画·福禄寿

二、杨柳青木版年画：天津杨柳青木版年画产生于中国明代崇祯年间，它继承了宋元绘画传统，吸收了明代木刻版画、工艺美术、戏剧舞台的形式，采用木版套色和手工彩绘相结合的方法创立了鲜明活泼、喜气吉祥、富有感人题材的独特风格。作品销往北京、天津、山东、河北、陕西和东北各地。二〇〇六年五月经国务院批准列入第一批国家级非遗名录。

天津杨柳青木版年画产生于中国明代崇祯年间，它继承了宋元绘画传统，吸收了明代木刻版画、工艺美术、戏剧舞台的形式，采用木版套色和手工彩绘相结合的方法创立了鲜明活泼、喜气吉祥、富有感人题材的独特风格。作品销往北京、天津、山东、河北、陕西和东北各地。2006 年 5 月经国务院批准列入第一批国家级非物质文化遗产名录。

山东杨家埠木版年画

杨家埠木版年画·新人

气家埠

图书管理员

三、杨家埠木版年画：山东潍坊杨家埠木版年画工艺精湛，色彩鲜艳、内容丰富、每年春节都有新作品出现，许多新思想、新事物出现后马上就能够在年画中反映出来，对社会进步有一定的促进作用，另外杨家埠木版年画还间接地记录了民间生活情况，对中国古代文化研究有一定参考价值，杨家埠木版年画制作工艺别致，乡土气息浓厚，是中国三大木版年画产地之一。

山东潍坊的杨家埠木版年画工艺精湛、色彩鲜艳、内容丰富，每年春节都有新作品出现，许多新思想、新事物出现后马上就能够在年画中反映出来，对社会进步有一定的促进作用。另外杨家埠木版年画还间接地记录了民间生活情况，对中国古代文化研究有一定参考价值，杨家埠木版年画制作工艺别致，乡土气息浓厚，杨家埠是中国三大木版年画产地之一。

| 第四节 |

苏州桃花坞木版年画

桃花坞木版年画·玉堂富贵

四、苏州桃花坞木版年画：桃花坞木版年画由宋代的绣像图演变而来，到明代自成艺术流派，清代为鼎盛时期，桃花坞年画构图对称丰满，色彩绚丽，常以紫红色为主调，表现欢乐气氛，造型、刻工、色彩具有秀雅的江南艺术风格，主要表现吉祥喜庆、民俗生活、戏文故事、花鸟果蔬、驱鬼避邪等中国传统审美内容，被画坛称之为姑苏版。

玉堂富贵

苏州桃花坞木版年画由宋代的绣像图演变而来，到明代自成艺术流派，清代为鼎盛时期，桃花坞年画构图对称丰满，色彩绚丽，常以紫红色为主调，表现欢乐气氛，造型、刻工、色彩具有秀雅的江南艺术风格，主要表现吉祥喜庆、民俗生活、戏文故事、花鸟果蔬、驱鬼避邪等中国传统审美内容，被画坛称之为姑苏版。

第五节

河北武强木版年画

武强木版年画·财神

五、河北武强木版年画：始于宋元，盛于明清，乾隆年间，人口稠密的武强南关，家家点染，户户丹青，拥有一百多家画店，周围四十多个村庄有数以千计的版画作坊，形成了中国北方最大的木版年画生产基地。武强年画乡土气息浓，风格粗犷，色彩简单，颇受河北、山西、陕西、辽宁、内蒙等北方广大人民欢迎。被文化部命名为"中国木版年画之乡"。

　　河北武强木版年画始于宋元，盛于明清，乾隆年间，人口稠密的武强南关，家家点染，户户丹青，拥有一百多家画店，周围四十多个村庄有数以千计的版画作坊，形成了中国北方最大的木版年画生产基地。武强年画乡土气息浓，风格粗犷，色彩简单，颇受河北、山西、陕西、辽宁、内蒙古自治区等北方广大人民欢迎。1993年河北武强被文化部命名为"中国木版年画之乡"。

| 第六节 |

四川绵竹木版年画

绵竹木版年画·加官

六、四川绵竹木版年画：因产于四川绵竹而得名，是流行于中国西南方的年画品种。起于宋，兴于明，盛于清。乾隆年间，有大小年画作坊三百多家，年画专业人员达一千余人，特点是以木版印出轮廓而后填色，构图对称，完整饱满，主次分明，多样统一，设色强烈，线条洗练，体现巴蜀人民乐观向上的风尚。产品销往中国西南各地，还远销东南亚国家和地区。

绵竹木版年画因产于四川绵竹而得名，是流行于中国西南地区的年画品种，起于宋，兴于明，盛于清。乾隆年间，有大小年画作坊三百多家，年画专业人员达一千余人，特点是以木版印出轮廓而后填色，构图对称，完整饱满，主次分明，多样统一，设色强烈，线条洗练，体现巴蜀人民乐观向上的风尚。产品销往中国西南各地，还远销东南亚国家和地区。

| 第七节 |

陕西凤翔木版年画

凤翔木版年画·白猿孝母

七、陕西凤翔木版年画：植根于民间，极少受其他地区年画风格影响，继承的是中国最早的木刻技法，在色彩上是彩印和手绘相结合，套金套银色，局部手工填染，色彩对比强烈，造型饱满夸张，保留了古版画淳朴自然的艺术风格，体现了中国西部民俗风情和民间美术特色，成为研究中国西部农村生活和文化风貌的珍贵艺术资料。

　　陕西凤翔木版年画植根于民间，极少受其他地区年画风格影响，继承的是中国最早的木刻技法，在色彩上是彩印和手绘相结合，套金套银色，局部手工填染，色彩对比强烈，造型饱满夸张，保留了古版画淳朴自然的艺术风格，体现了中国西部民俗风情和民间美术特色，成为研究中国西部农村生活和文化风貌的珍贵艺术资料。

| 第八节 |

福建漳州木版年画

八、福建漳州木版年画：年画内容主要是喜庆迎新和辟邪两个类别，漳州木版年画的雕版分阴版和阳版两种，印制幼神人物背景色（本色）为阴版。这种阴版刻法和印法为全国独有，雕版上所有线条和色块的边缘向外倾斜的角度大，便于印制时调节水分。拓片时采用套版印，先色版，后黑线条版。漳州木版年画流行于岭南一带，并远销港澳台及东南亚等地。

漳州木版年画·进禄

福建漳州木版年画内容主要是喜庆迎新和辟邪两个类别，漳州木版年画的雕版分阴版和阳版两种，印制幼神人物背景色（本色）为阴版，这种阴版刻法和印法为全国独有，雕版上所有线条和色块的边缘向外倾斜的角度大，便于印制时调节水分。拓片时采用套版印，先色版，后黑线条版。漳州木版年画流行于岭南一带，并远销港澳台及东南亚等地。

| 第九节 |

广东佛山木版年画

佛山木版年画·安南画·和合二仙

九、广东佛山木版年画：佛山木版年画是中国华南地区著名的民间年画，是岭南传统民俗文化的一朵奇葩，它以浓郁的乡土气息和淳朴的艺术风格，成为珠海地区家家户户年节必备之物，在东南亚及世界华人居住地都有一定影响。尤其是销往越南、柬埔寨等国的"安南画"最为独特。佛山木版年画与时俱进，解放后创作了现代题材的年画，如"三面红旗""半边天"等。

广东佛山木版年画是中国华南地区著名的民间年画，是岭南传统民俗文化的一朵奇葩，它以浓郁的乡土气息和淳朴的艺术风格，成为珠海地区家家户户年节必备之物，在东南亚及世界华人居住地都有一定影响。尤其是销往越南、柬埔寨等国的"安南画"最为独特，佛山木版年画与时俱进，解放后创作了现代题材的年画，如"三面红旗""半边天"等。

| 第十节 |

重庆梁平木版年画

梁平木版年画·习武

十、重庆梁平木版年画：梁平木版年画为套色水印，人物造型独特："英雄无项、美女无肩、文人如钉、武夫如弓"，人物开脸，以指代笔，蘸以赭红和少许白酒，迅速抹之，脸部画面在色彩对比中鲜明的跳出来。抗日战争时期，盟军在梁平修机场，梁平木版年画又被施工者和飞行员带往美、苏、法等国，让西洋人士敬仰不已，争相收藏，从而名扬海外。

重庆梁平木版年画为套色水印，人物造型独特，"英雄无项、美女无肩、文人如钉、武夫如弓"，人物开脸，以指代笔，蘸以赭红和少许白酒，迅速抹之，脸部画面在色彩对比中鲜明地跳出来。抗日战争时期，盟军在梁平修机场，梁平木版年画又被施工者和飞行员带往美、苏、法等国，让西洋人士敬仰不已，争相收藏，从而名扬海外。

第十一节

山东张秋木版年画

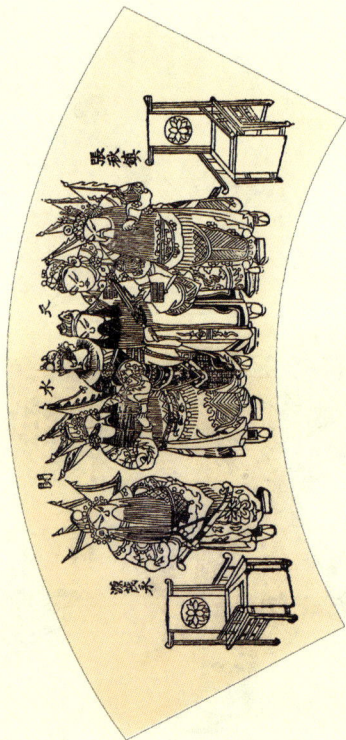

张秋木版年画·扇面画·天水关

十一、山东张秋木版年画：元末由山西引至山东省阳谷县张秋镇，坐庄卖画，以神像为主，另有单座、娃娃画等。构图丰满，匀称古朴。春天印扇面画，销给制扇子的手工业者，农历八月开始印年画，十月初一挂牌出售，一个冬天来镇上贩卖年画的商贩多达上千人，远销山西、河南、河北、东北等地。张秋木版年画传人乔振霞为保护这一画种作出了重要贡献。

　　山东张秋木版年画于元末由山西引至山东省阳谷县张秋镇，坐庄卖画，以神像为主，另有单座、娃娃画等。版画构图丰满，匀称古朴。春天印扇画画，销给制扇子的手工业者，农历八月开始印年画，十月初一挂牌出售，一个冬天来镇上贩卖年画的商贩多达上千人，远销山西、河南、河北、东北等地。张秋木版年画传人乔振霞为保护这一画种作出了重要贡献。

|第十二节|

山东东昌木版年画

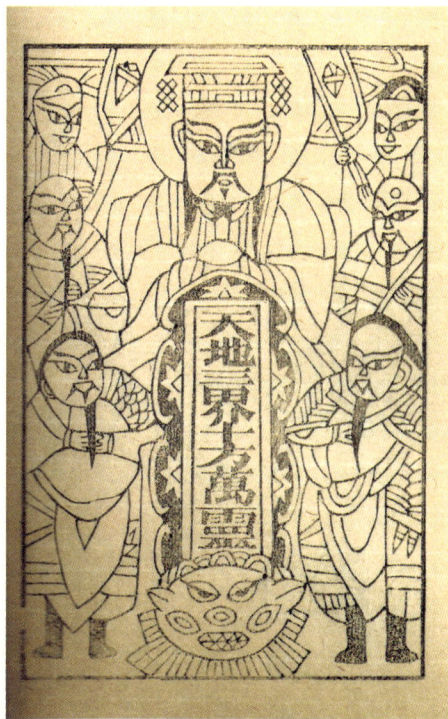

东昌木版年画·玉皇大帝

十二、山东东昌木版年画：清初，阳谷县张秋镇刘振升画店迁至繁华的运河重镇东昌府（今聊城），而后各地商贾蜂拥而至，竞创画店。每年春节前，各种年画纷纷上市，从鲁西平原到山东各地，从晋、陕、冀、豫到东北三省，都有东昌年画的销售市场。年画题材广泛，各类武将、门神、灶爷、财神、寿星、八仙、戏曲人物、历史故事、民间传说、耕织农作、花卉动物、风光景色等应有尽有。

　　清初，阳谷县张秋镇刘振升画店迁至繁华的运河重镇东昌府（今聊城），而后各地商贾蜂拥而至，竞创画店。每年春节前，各种年画纷纷上市，从鲁西平原到山东各地，从晋、陕、冀、豫到东北三省，都有东昌年画的销售市场。年画题材广泛，各类武将、门神、灶爷、财神、寿星、八仙、戏曲人物、历史故事、民间传说、耕织农作、花卉动物、风光景色等应有尽有。

第十三章　木艺百科

| 第一节 |

木神句芒

木神句芒

一、木神句芒：中国古代神话中的木神，主管树木的生长、发育，辅佐青帝管理太阳升起的东方，兼管春天事务，亦称为春神。在先秦文献中有不少关于句芒的记载：《山海经·海外东经》："东方句芒，鸟身人面乘两龙"。《左传·昭公二十九年》："木正曰句芒"。《礼记·月令》郑玄注："句芒为木官"。朱熹注："（句芒）曰重，木官之臣，圣神继天立极，先有功德于民，故后王于春祀之"……

　　木神句芒是中国古代神话中的木神，主管树木的生长的发育，辅佐青帝管理太阳升起的东方，兼管春天事务，亦称为春神。在先秦文献中有不少关于句芒的记载。《山海经·海外东经》："东方句芒，鸟身人面乘两龙。"《左传·昭公二十九年》："木正曰句芒。"《礼记·月令》郑玄注："句芒为木官。"朱熹注："（句芒）曰重，木官之臣，圣神继天立极，先有功德于民，故后王于春祀之。"

| 第二节 |

木工的历史地位

汉代木工

二、木工的历史地位 《周礼·考工记》称"百工之事，皆圣人之作也"。把木工列为百工之首，并赋予营城郭、建都邑、立宗庙、造宫室的营国职责。《礼记·曲礼下》记天子之六工，皆有木工。《汉书·百官公卿表》将作大匠，属官有石库、东园主章。清宫内务府档案载："造办处"派到和珅府的木匠亦是食皇粮的八品官员。以上史料可见木工在历史上有着一定的社会地位。

　　《周礼·考工记》称："百工之事，皆圣人之作也。"把木工列为百工之首，并赋予营城郭、建都邑、立宗庙、造宫室的营国职责。《礼记·曲礼下》记天子之六工，皆有木工。《汉书·百官公卿表》记：将作大匠，属官有石库、东园主章。武帝太和初年，东园主章更名为木工。《清宫内务府档案》载："造办处"派到和珅府的木匠亦是食皇粮的八品官员。以上史料可见木工在历史上有着一定的社会地位。

| 第三节 |

木与古籍

木与古籍

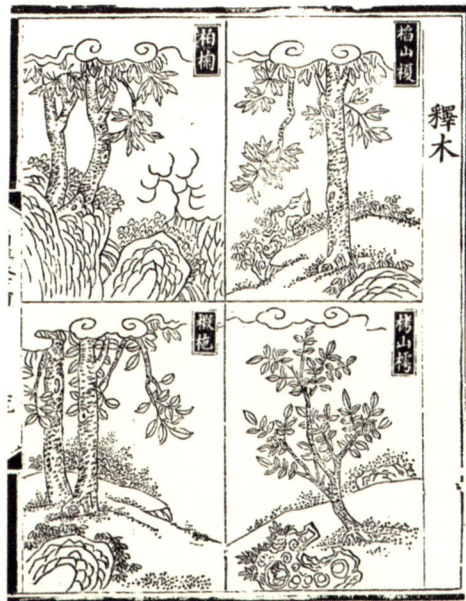

三、木与古籍　三千多年前的甲骨文"册"字作绳索穿竹木片象，《尚书》中所涉木本植物主要有：松、柏、漆、桑、桐、柚、橘等数十种，以及木器琴、瑟、缶等。《诗经》载录，"投之以木桃，报之以琼瑶"等数十首与木有关的诗歌。古籍《尔雅·释木》中记载了二百多种树木，每一项都有详细注释，校勘、考证，并配以精美图案。该书《释器》中记载了上百种木器。《释乐》中记载了几十种木制乐器……

　　三千多年前的甲骨文"册"字作绳索穿竹木片象，《尚书》中所涉木本植物主要有：松、柏、漆、桑、桐、柚、橘等数十种，以及木器琴、瑟、缶等。《诗经》载"投之以木桃，报之以琼瑶"等数十首与木有关的诗歌。古籍《尔雅·释木》中记载了二百多种树木，每一项都有详细注释，校勘、考证，并配以精美图案。该书《释器》中记载了上百种木器。《释乐》中记载了几十种木制乐器……

第四节

木与宗教

木雕观音

四、木与宗教　道教创始人老子以木喻虚实，佛祖释迦牟尼菩提树下悟道，儒学宗师孔子以木晓理，基督教主耶稣曾当过木工，世上诸多教派与木有着千丝万缕的联系。宗教建筑大兴土木：道教的殿堂、佛家的寺院，儒家的学府等，其构架梁栋、门窗隔断、室内装饰、宗教器具、佛龛神像等，主要用红木、黄杨木、香樟木、银杏木雕刻而成，然后贴金彩绘，加以美化和保护。以器弘道，以艺化人。

　　道教创始人老子以木喻虚实，佛祖释迦牟尼菩提树下悟道，儒学宗师孔子以木晓理，基督教主耶稣曾当过木工，世上诸多教派与木有着千丝万缕的联系。宗教建筑大兴土木：道教的殿堂、佛家的寺院、儒家的学府等，其构架梁栋、门窗隔断、室内装饰、宗教器具、佛龛神像等，主要用红木、黄杨木、香樟木、银杏木雕刻而成，然后贴金彩绘，加以美化和保护。以器弘道，以艺化人。

| 第五节 |

木与哲学

木与哲学

五、木与哲学 木的哲学概念最早见于远古时代的天干地支，干支首排甲乙木，色青，居东方，坐震巽宫，旺于春。天干的甲木属阳是森林之木，乙木属阴是花草之木。地支的寅是初生之木，卯是极盛之木，辰是渐衰之木。除了上述干支和五行的正配之外，还有一种把六十花甲与五音十二律结合起来的"纳音五行"，把木分为大林木、杨柳木、松柏木、桑柘木、石榴木六大类……木的哲学观念历史悠久，影响深远。

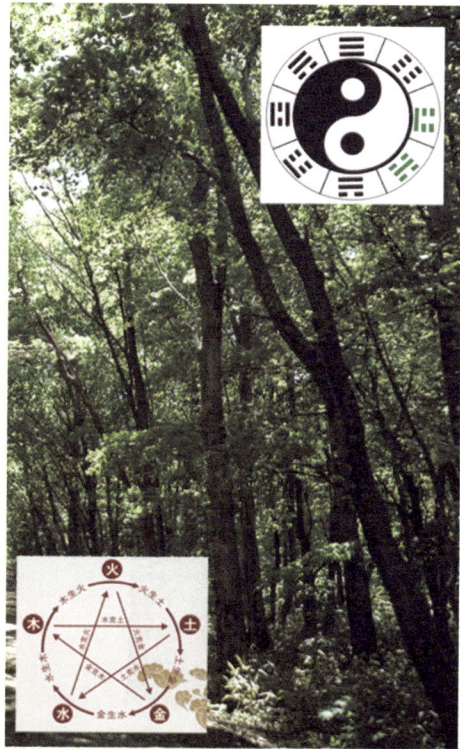

　　木的哲学概念最早见于远古时代的天干地支，干支首排甲乙木，色青，居东方，坐震巽宫，旺于春。天干的甲木属阳是森林之木，乙木属阴是花草之木。地支的寅是初生之木，卯是极盛之木，辰是渐衰之木。除了上述干支和五行的正配之外，还有一种把六十花甲与五音十二律结合起来的"纳音五行"，把木分为大林木、杨柳木、松柏木、桑柘木、石榴木六大类……木的哲学观念历史悠久，影响深远。

第六节

木与服饰

海南树皮衣

六、木与服饰：原始人类用树叶遮身，原始女性用花朵串连成衣服，打扮自己，把纤维长的树（椴木、构木）皮剥下来经过捶打、洗涤、晾干等工序，获得比较柔软的树皮料，缝制衣服以御寒。至今，在海南白沙等县博物馆里均有树皮衣藏品。流行至今的丝绸，是通过种桑养蚕而得来，古代衣料大都有木的元素。

　　原始人类用树叶遮身，原始女性用花朵串连成衣服，打扮自己，把纤维长的树（椴木、构木）皮剥下来经过捶打、洗涤、晾干等工序，获得比较柔软的树皮料，缝制衣服以御寒。至今，在海南白沙等县博物馆里均有树皮衣藏品，流行至今的丝绸，是通过种桑养蚕而得来，古今衣料大都有木的元素。

| 第七节 |

木与果食

七、木与果食 木本水果：桃、梨、杏、柿子、石榴、荔枝、芒果、柑桔、杨梅、苹果、开心果、核桃等。两千多万年前的原始人类主要靠吃山林果实为生，是树木养育了人类的祖先。现代研究证明，树木所结的果实，含有丰富的维生素和多种营养成份，有利于人体健康，是当代人们不可或缺的重要副食。大米树、面包树等木本粮食可为解决粮食危机发挥作用。

木本水果

木本水果：桃、梨、杏、柿子、石榴、荔枝、芒果、柑桔、杨梅、苹果等。两千多万年前的原始人类主要靠吃山林果实为生，是树木养育了人类的祖先。现代研究证明，树木所结的果实，含有丰富的维生素和多种营养成份，有利于人体健康，是当代人们不可或缺的重要副食。大米树、面包树等木本粮食可为解决粮食危机发挥作用。

第八节

木与交通

木制水陆空交通工具

木制飞机

木制大车

木制客船

八、木与交通：人类陆地运行轨迹，从滚木到木橇到木轮车，几千年来木作是陆路运输的主角；水运的发展，无论是船体，还是桨、橹、帆都以木为主；空中飞行是全人类的梦想，木匠祖师鲁班的飞鸢，木匠万户的飞天，达芬奇的朴翼机，一直到莱特兄弟的"飞行者"一号，人们一直是用木材来制作各式各样的飞行器。水、陆、空运行无一不是由木发展而来的。

　　人类陆地运行轨迹：从滚木到木橇到木轮车，几千年来木作是陆路运输的主角；水运的发展，无论是船体，还是桨、橹、帆都以木为主；空中飞行是全人类的梦想，木匠祖师鲁班的飞鸢，木匠万户的飞天，达芬奇的朴翼机，一直到莱特兄弟的"飞行者"一号，人们一直是用木材来制作各式各样的飞行器。水、陆、空运行无一不是由木发展而来的。

第九节

木与文学

九、**木与文学**：木是文学的重要载体，把字写在较窄的竹片或木条上叫简，写在较宽的木板上叫牍。活字印刷发明前，简牍是著书、记事、奏章、制版的主要材料，由木创生了一千多个汉字，由木而成的成语二百多个，楹联起源于木刻桃符，文人借木抒情，赋诗数百首，写联几千幅，创作了许多名篇佳作，木对文学的发展作出了其他材料无法取代的历史贡献。

木是文学的重要载体：把字写在较窄的竹片或木条上叫简，写在较宽的木板上叫牍。活字印刷发明前，简牍是著书、记事、奏章、制版的主要材料，由木创生了一千多个汉字，由木而成的成语二百多个，楹联起源于木刻桃符，文人借木抒情，赋诗数百首，写联几千幅，创作了许多名篇佳作，木对文学的发展作出了其他材料无法取代的历史贡献。

| 第十节 |

木与数学

木制算盘

十、木与数学：数学与人类文明伴生，手指计算，结绳计数，算筹应用，满足不了人们日益发展的生活计算需要，古代木制筹码以后，珠算应运而生，它以其简便的计算方法和独特的数理内涵，被誉为世界最古老的计算机和中国第五大发明。即使在计算机高速发展的今天，珠算因其简单、灵便、准确不受病毒侵害等优点，仍被世界许多国家广泛应用。

　　数学与人类文明伴生，手指计算，结绳计数，算筹应用，满足不了人们日益发展的生活计算需要，古代木制筹码以后，珠算应运而生，它以其简便的计算方法和独特的数理内涵，被誉为世界最古老的计算机和中国第五大发明。即使在计算机高速发展的今天，珠算因其简单、灵便、准确、不受病毒侵害等优点，仍被世界许多国家广泛应用。

|第十一节|

木与美学

十一、木与美学：木美学是指树木和木材天然，特征为元素所构成的图案，挺拔的松柏、婀娜的垂柳、鲜艳的树花、丰满的树果、翠绿的树叶、千姿百态的木纹、美轮美奂的树瘿……木给人类带来的自然之美，为艺术家再创作提供了取之不尽、用之不竭的素材，丰富了美学宝库。木美学图案，赏心悦目，广泛应用于布料服装设计、建筑室内外装饰等诸多领域。

木纹选粹

油松年轮

金丝楠木水波纹

鸡翅木木纹

国槐木木纹

木美学是指树木和木材天然特征为元素所构成的图案，挺拔的松柏、婀娜的垂柳、鲜艳的树花、丰满的树果、翠绿的树叶、千姿百态的木纹、美轮美奂的树瘿……木给人类带来的自然之美，为艺术家再创作提供了取之不尽、用之不竭的素材，丰富了美学宝库。木美学图案，赏心悦目，广泛应用于布料服装设计、建筑室内外装饰等诸多领域。

木与医学

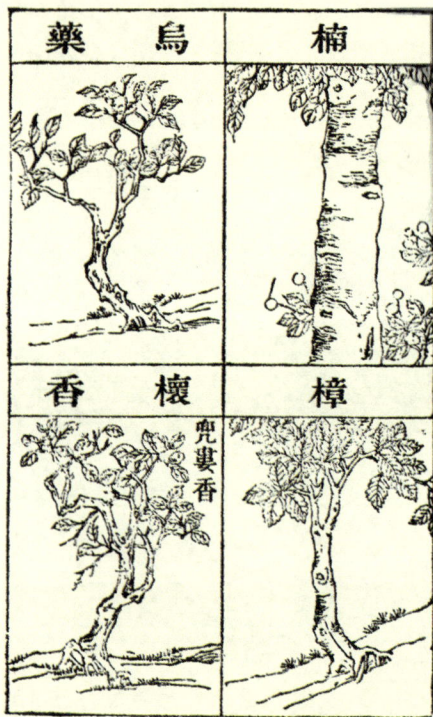

李时珍《本草纲目·香木部》

十二、木与医学：木是人类的亲朋密友，盖成屋宇，供人起居；制成舟车，载人通达；木的果子，饱人口福；木的材质，佑人健康。李时珍《本草纲目》香木类三十五种，乔木类五十二种，灌木类五十一种，寓木类十二种，苞木类四种，杂木类七种，附录类十九种，拾遗九种，共一百九十九种树木入药，可见木对人类健康的巨大作用。

　　木是人类的亲朋密友：盖成屋宇，供人起居；制成舟车，载人通达；木的果子，饱人口福；木的材质，佑人健康。李时珍《本草纲目》收录香木类三十五种，乔木类五十二种，灌木类五十一种，寓木类十二种，苞木类四种，杂木类七种，附录类十九种，拾遗九种，共一百九十九种树木入药，可见木对人类健康的巨大作用。

| 第十三节 |

木与乐器

木制乐器

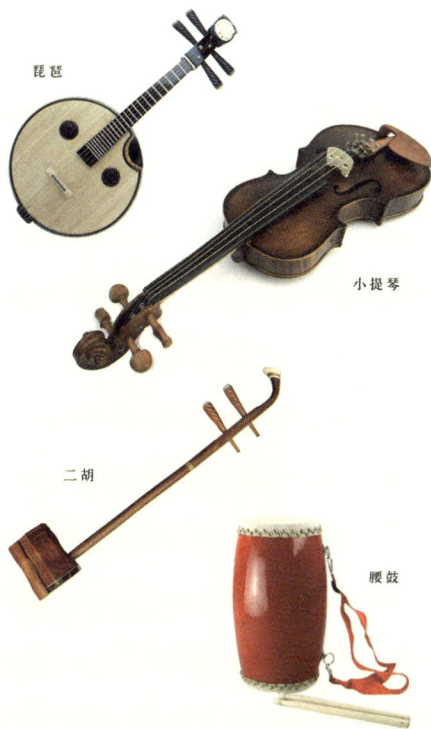

琵琶

小提琴

二胡

腰鼓

同微形音箱。这种特性任何材料无法媲美。
琴、钢琴等，主要制作材料都是木。木细胞如
头琴、京胡、二胡、板胡等；击弦乐器：扬
琴、三弦琴、琵琶和冬不拉等；弓弦乐器：马
八角鼓等；拨弦乐器：古筝、吉他、月琴、柳
膜鸣打击乐器：手鼓、腰鼓、大鼓、花盆鼓、
体鸣打击乐器：木鼓、木琴、乐杵、木鱼等；
几十种木制乐器，现已发展到几百种。
两千多年前的《尔雅·释乐》记载了
十三、木与乐器：木材是制作乐器的理想材料。

　　木材是制作乐器的理想材料。两千多年前的《尔雅·释乐》记载了几十种木制乐器，现已发展为
几百种，体鸣打击乐器：手鼓、腰鼓、大鼓、花盆鼓、八角鼓等；拨弦乐器：古筝、吉他、月琴、柳
琴、三弦琴、琵琶和冬不拉等；弓弦乐器：马头琴、京胡、二胡、板胡等；击弦乐器：扬琴、钢琴等，
主要制作材料都是木。木细胞如同微形音箱，这种特性任何材料无法媲美。

|第十四节|

木与教育

林业大学的代表

十四、木与教育：门类齐全的林业大学，中国改革开放以来，木业的迅速发展，带来了木文化的繁荣。中国现有北京林业大学、东北林业大学、南京林业大学、以及设立林学院的西北农业科技大学、四川农业大学、内蒙古农业大学、山东农业大学、华南农业大学、河南农业大学、广西大学、贵州大学、山西大学等四十余所，系统地研究传播木的知识和文化。

　　中国改革开放以来，木业的迅速发展，带来了木文化的繁荣。中国现有北京林业大学、东北林业大学、南京林业大学、西南林业大学、西北农林大学，以及设立林学院的西北农业科技大学、四川农业大学、内蒙古农业大学、山东农业大学、华南农业大学、河南农业大学、广西大学、贵州大学、山西大学等四十余所，系统地研究传播木的知识和文化。

|第十五节|

木与理想

建木

十五、木与理想：《山海经·海内经》，建木，百仞无枝，有九欘……黄帝所为。《淮南子·地形篇》"建木在都广，众帝所自上下，日中无景，呼而无响，盖天地之中也"。也就是说黄帝种的建木高耸入云，不生枝条，只是在顶端生长有像伞盖的树冠，它生长天地中央，太阳照在树顶上，看不到影子，大风怒吼声，很快消失在空中。建木反映的是人们登天的理想。

　　《山海经·海内经》："建木，百仞无枝，有九欘……黄帝所为。"《淮南子·地形篇》"建木在都广，众帝所自上下，日中无景，呼而无响，盖天地之中也"。也就是说黄帝种的建木高耸入云，不生枝条，只是在顶端生长有像伞盖的树冠，它生长天地中央，太阳照在树顶上，看不到影子，大风怒吼声，很快消失在空中。建木反映的是人们登天的理想。

|第十六节|

木板烙画

木板烙画·积财图·李宝景

六、木板烙画：艺人最初用烧红的铁丝为笔，在木板上烙成深浅不同的线条而形成具有素描效果的图画，后来随着社会的发展，艺人改用电烙铁做笔，把电烙铁头做成各种形状，根据需要调整温度，丰富了烙画的艺术手法，烙出的画面，既有浓淡虚实的情趣，又有水彩写生的明快，大大增强了作品的艺术效果。烙画不仅是一种装饰画，而且是人们用来美化生活的一种艺术形式。

　　艺人最初用烧红的铁丝为笔，在木板上烙成深浅不同的线条而形成具有素描效果的图画，后来随着社会的发展，艺人改用电烙铁做笔，把电烙铁头做成各种形状，根据需要调整温度，丰富了烙画的艺术手法，烙出的画面，既有浓淡虚实的情趣，又有水彩写生的明快，大大增强了作品的艺术效果。烙画不仅是一种装饰画，而且是人们用来美化生活的一种艺术形式。

|第十七节|

核 雕

核雕·田洪波

十七、核雕：核雕是指在橄榄核、核桃核、杏核等树木果核上的微雕镂刻技术，其艺术特点是在较小的果核上表现出复杂的题材，雕刻手法细致入微。刻有诗文、渔家乐、百花篮、罗汉等神话故事和吉祥图案。小小果核，可雕芸芸众生、大千世界，方寸之间可回味千年文化。江苏苏州、扬州、山东潍坊、广东等地的核雕各有特色。二〇〇八年入选第二批国家非遗。

核雕是指在橄榄核、核桃核、杏核等树木果核上的微雕镂刻技术，其艺术特点是在较小的果核上表现出复杂的题材，雕刻手法细致入微。刻有诗文、渔家乐、百花篮、罗汉等神话故事和吉祥图案。小小果核，可雕芸芸众生、大千世界，方寸之间可回味千年文化。江苏苏州、扬州，山东潍坊，广东等地的核雕各有特色。2008 年入选第二批国家级非物质文化遗产名录。

|第十八节|

根 雕

根雕

秋风秋雨

闽藉根雕

六、根雕：以树根自生的畸变形态为创作载体，因材施艺，创作出人物、动物、器物等艺术形象作品。根雕艺术是发现自然美而又显示创作造型的艺术，根雕讲究"三分人工、七分天成"，意为在根雕创作中，应主要利用根材的天然形态来表现艺术形象，辅助性进行人工雕琢修饰。根雕分布范围甚广，古以苏州为主，现以福建闽侯上街最为集中。

　　根雕是以树根自生的畸变形态为创作载体，因材施艺，创作出人物、动物、器物等艺术形象的作品。根雕艺术是发现自然美而又显示创作造型的艺术，讲究"三分人工、七分天成"，意为在根雕创作中，应主要利用根材的天然形态来表现艺术形象，辅助性进行人工雕琢修饰。根雕分布范围甚广，古以苏州为主，现以福建闽侯上街最为集中。

|第十九节|

树皮画

树皮画

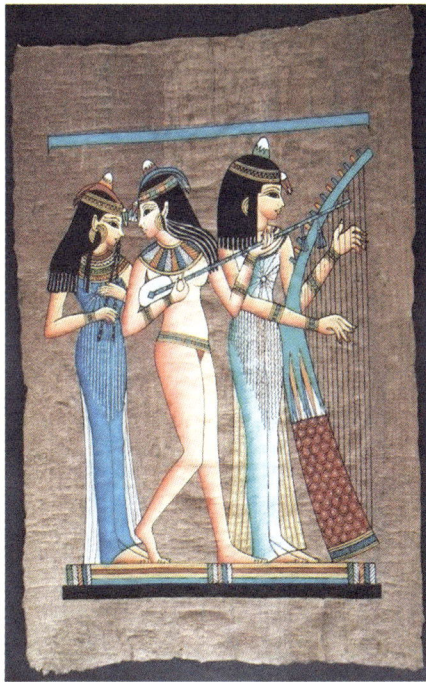

料能做出惟妙惟肖的艺术作品。

板。各色刨花、树的枝叶做辅料。廉价的原

松木、椴木边皮等，底板多用树皮、木质胶合

雕刻刀、剪子、镊子等。主要材料：桦木、

画，油画的构图原理进行制作。主要工具：

艺术形式。题材以风景画为主，亦可参照国

艺术图形，用以反映自然和社会生活的一种

经艺人创意雕琢，巧妙粘贴出各类半浮雕的

十九、树皮画：利用树皮所具有的天然特征，

　　树皮画是利用树皮所具有的天然特征，经艺人创意雕琢，巧妙粘贴出各类半浮雕的艺术图形，用以反映自然和社会生活的一种艺术形式。题材以风景画为主，亦可参照国画、油画的构图原理进行制作。主要工具：雕刻刀、剪子、镊子等。主要材料：桦木、松木、椴木边皮等，底板多用树皮、木质胶合板。各色刨花、树的枝叶做辅料。廉价的原料能做出惟妙惟肖的艺术作品。

第二十节

榫卯结构

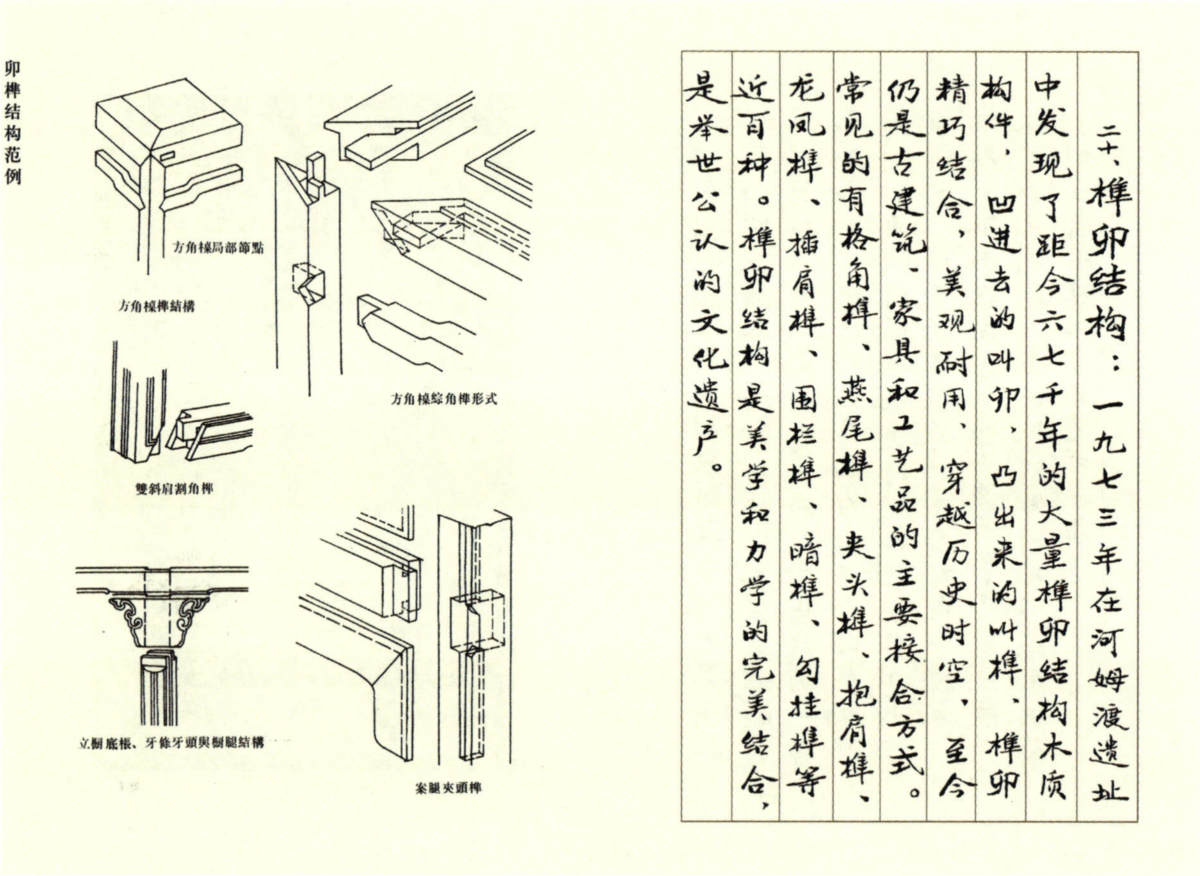
卯榫结构范例
方角櫈局部節點
方角櫈榫結構
方角櫈綜角榫形式
雙斜肩割角榫
立橱底棖、牙條牙頭與橱腿結構
案腿夾頭榫
二十、榫卯结构：一九七三年在河姆渡遗址
中发现了距今六七千年的大量榫卯结构木质
构件，凹进去的叫卯，凸出来的叫榫，榫卯
精巧结合，美观耐用，穿越历史时空，至今
仍是古建筑、家具和工艺品的主要接合方式。
常见的有格角榫、燕尾榫、夹头榫、抱肩榫、
龙凤榫、插肩榫、围栏榫、暗榫、勾挂榫等
近百种。榫卯结构是美学和力学的完美结合，
是举世公认的文化遗产。

1973 年在河姆渡遗址中发现了距今六七千年的大量榫卯结构木质构件。凹进去的叫卯，凸出来的叫榫，榫卯精巧结合，美观耐用，穿越历史时空，至今仍是古建筑、家具和工艺品的主要接合方式。常见的有格角榫、燕尾榫、夹头榫、抱肩榫、龙凤榫、插肩榫、围栏榫、暗榫、勾挂榫等近百种。榫卯结构是美学和力学的完美结合，是举世公认的文化遗产。

|第二十一节|

印 章

印章

 汉·玺

 三国·官印

收藏印

 肖形印

 闲章

吉语印

 梨木纪念章

 银杏木公章

(手戳)椴木私印

香港回归纪念章

闻合县木业合作社

王传成印

二十一、印章："印"左边是"爪"即手，右边是"节"，就是凭证，合起来就是手持凭证。唐以前皇帝的印称为"玺"，武则天嫌"玺"与"死"谐音，把帝王印改称为"宝"。官府印称为官印，将军印称为章，近代地方政府的印称为公章，私人印称手戳。此外还有吉语印、收藏印、肖形印、闲章、纪念章等，印章材料有金、玉、木质等多种，在地方和民间木质印章流行最广，现有的被塑料章所取代。

"印"左边是"爪"，即手，右边是"节"，就是凭证，合起来就是手持符节。唐以前皇帝的印称为"玺"，武则天嫌"玺"与"死"谐音，把帝王印改称为"宝"，官府印称为官印，将军印称为章，近代地方政府的印称为公章，私人印称手戳。此外还有吉语印、收藏印、肖形印、闲章、纪念章等，印章材料有金、玉、木质等多种，在地方和民间木质印章流行最广，现有的多被塑料章所取代。

|第二十二节|

家 徽

家徽

二十二、家徽：国有国徽，党有党徽。各行业都有自己的徽章，一个家庭也应该有集中反映家族观念的标志，叫家徽。家徽应该是家规、家训、家风的集中浓缩。右图是作者的家徽，木制支架代表"器"，支架上的太极八卦图象征"道"，支架木材本色喻自然朴素，太极八卦图彩色昭示吉祥，表达作者本家以木为业，纯厚朴实、道器并重、以器弘道的理念，以弘扬"修身、齐家、报国"的优秀传统文化。

　　国有国徽，党有党徽。各行业都有自己的徽章，一个家庭也应该有集中反映家族观念的标志，叫家徽。家徽应该是家规、家训、家风的集中浓缩。左图是作者的家徽，木制支架代表"器"，支架上的太极八卦图象征"道"，支架木材本色喻自然朴素，太极八卦图彩色昭示吉祥，表达作者本家以木为业、纯厚朴实、道器并重、以器弘道的理念，以弘扬"修身、齐家、报国"的优秀传统文化。

第二十三节

空前繁荣的木文化

二十三、空前繁荣的木文化……以侯文彬先生为执行长的国际木文化学会，积极开展木文化活动，有力的推动世界各国木文化工作。中国改革开放以来，木业迅速发展，带来木文化的空前繁荣。国内现有林业大专院校四十余所。木文化的主要载体之一木雕，欣欣向荣，木家具蓬勃发展，木偶戏、木版画、木版年画等好多项目列入国家级非遗。木文化在保护中得到良好发展。

王传成与国际木文化学会执行长侯文彬先生在尼泊尔世界木材日期间植树 二零一六年三月

以侯文彬先生为执行长的国际木文化学会，积极开展木文化活动，有力地推动世界各国木文化工作。中国改革开放以来，木业迅速发展，带来木文化的空前繁荣。国内现有林业大专院校四十余所。木文化的主要载体之一木雕，欣欣向荣，木家具蓬勃发展，木偶戏、木版画、木版年画等好多项目列入国家级非物质文化遗产名录。木文化在保护中得到良好发展。

第十四章　画家笔下的木文化

图：孙景全

| 第一节 |

盘古开天

| 第三节 |

构木为巢

| 第四节 |

钻木取火

| 第五节 |

斫木为耜

| 第六节 |

刳木为舟

第七节

菩提悟道

| 第八节 |

孔子谈木雕

| 第九节 |

神 树

| 第十节 |

思母树

后　记

　　作者是出生于木艺世家的木雕艺人，秉"据德、游艺、弘文"之家训，继"抒怀、励志、陶情"之祖风，寄情木艺五十余载，始终坚持在每件作品创作时寻根求源，力求每个图案的文化含义和吉祥寓意均有出处，以不辜负用户的信任和重托为己任。引经据典是设计中的必修课，亲手做样品是日常工作。半个世纪以来积累了一些资料，因忙于劳作无暇集结成册，半年前作者腰椎做了开放手术，短时间内不能从事体力劳动，在初心的驱使和同仁的鼓励下，把自己在以往重要会议上的发言稿及平时积累的图文，系统地整理成书，以昭示木文化的辉煌历史。这并不是个人的才能，而是先贤圣哲在木文化方面智慧的浓缩。文稿主要参考文献：《尚书》《圣经》《易经全传》《释迦牟尼佛传》《论语》《礼记》《列子》《墨子》《孟子》《庄子》《荀子》《韩非子》《古今注》《史记》《拾遗记》《续汉书》《淮南子》《三国志》《书断》《新唐书》《宋史》《营造法式》《自然辩证法》《中华上下五千年》等。为加深作者对木文化的认识，本书采用图文并茂的形式编印。当代电脑打字普及甚广，手写离人们渐行渐远，为让读者欣赏中国书法之美，特邀赵化疾先生手书文稿。画稿主要参考文献：五代周文矩《宫中图》，宋李诚《营造法式》、聂崇义《三礼图》，明宋应星《天工开物》、午荣《鲁班经》、李时珍《本草纲目》、邓玉函《奇器图说》，当代《中国古版画》、《诸子百家》（绘画本）、《版画情缘》等。古代作者对人类文明作出了重要贡献，永远值得礼敬！对当代作者辛勤创作表示感谢！书中还引用了一些相关网络的图片，由于网上图片转载频繁，有些未能溯源到作者，对此深怀歉意，一旦联系到图片作者本人，再版时定署其大名。本书作者郑重声明，对这些图片不享有著作权。

　　作者感谢曲阜师范大学骆承烈教授、书画家孙景全教授、书画家舒安先生、原中国楹联协会副会长王庆新先生、世外高人陈俊岭先生、学者型领导关华先生等专家学者的平时教诲，感谢业内同仁和当地师友日常指教，感谢赵化疾老师手书文稿，感谢全国政协常委史学家、法学家、书法家夏家骏先生作序，感谢国际木文化学会执行长侯文彬先生作序，感谢曲阜师范大学骆承烈教授审稿作序。感谢书画家孙景全教授为本书作画。感谢舒安、苏金玲、韩庆生、王文苏、孙海青、刘登振、王韵浩等对此书提出宝贵意见，一并致谢！

　　《木文化简谱》一书涉及历史、哲学、文学、艺术、宗教、科学等诸多方面，作者是一个没有上过大学的匠人，自知不具备著书的能力，但有一个初心一直在驱使我，在同仁的鼓励下斗胆出书，不为名、不为利，只为实现初心。木作现在招徒难，原因是不少年轻人看不起木工劳作。此书历述木工对人类的伟大贡献，以启发年轻人认识木作是有功于社会、无愧于民族的光荣事业，用精益求精的工匠精神投身于木作事业当中去，进而形成劳动光荣的社会风尚，这是作者的初心。

　　作者才疏学浅，书中不当之处恳请读者不吝赐教，以便再版时改正，以期给后人留下较好的精神食粮。

王传成